edition cph

Siegfried Grillmeyer
Michael Kleiner (Hrsg.)

Gebt ihr ihnen zu essen!

Bedeutung und Potenzial kleinbäuerlicher Landwirtschaft

10 Jahre Stiftung
„Brot für alle Menschen“
von Erzbischof Dr. Ludwig Schick

edition cph

echter

Inhaltsverzeichnis

Einführendes

Ein Vorwort als Auftakt 8

Geleitwort von Weihbischof Herwig Gössl 13

1. Die Stiftung „Brot für alle Menschen“

1.1 Entstehung und Entwicklung 19

1.2 Mehr als ein Tropfen auf den heißen Stein 23
Ein Gespräch mit Erzbischof Dr. Ludwig Schick

1.3 Die Stiftung in Zahlen 35

2. Hintergrund und Analyse

Gerd Müller
2.1 Die Bedeutung kleinbäuerlicher Landwirtschaft 38
Eine Welt ohne Hunger ist möglich

Pirmin Spiegel
2.2 Das Potenzial kleinbäuerlicher Landwirtschaft 52
Bauern stark machen

3. Erfahrungen und Projekte

André Guèye
3.1 Das Feld des Priesters im Senegal 72
Für eine Zukunft in der eigenen Heimat

Heribert Müller
3.2 Eine Schule zur Selbsthilfe in Mosambik 82
Selbsterzeugte Nahrungsmittel

Philippe Alain Mbarga
3.3 Eine Agrarschule in Kamerun **92**
Eine Bischofsweihe mit Nachwirkungen

Noel Oliver
3.4 Reisintensivierung in Kambodscha **102**
Ausgerichtet auf Nachhaltigkeit

Klaus Väthröder
3.5 Kaffee-Kooperativen in Venezuela **116**
Ausbilden, um zu verschwinden

Oliver Müller
3.6 Humanitäre Hilfe in Syrien **128**
Humanitäre Hilfe – partnerschaftlich und professionell

4. Reflexion und Meditatives

Claudio Ettl
4.1 Gebt ihr ihnen zu essen! – Die Hoffnung kommt zuerst **144**
Biblische Impulse für entwicklungspolitisches Handeln

Heribert Müller
4.2 Brot für alle Menschen **152**
Reflexionen zum Leitmotiv

4.3 Gebet für unsere Erde von Papst Franziskus **158**

Abschließendes

Eine Danksagung als Schlussakkord **162**

Herausgeber 164
Bildnachweis 165
Impressum 168

10

EINFÜHRENDES

Ein Vorwort als Auftakt

Die Bedeutung kleinbäuerlicher Landwirtschaft und zehn Jahre Stiftung „Brot für alle Menschen“

Wer sich auf den Feldern der Entwicklungszusammenarbeit und der weltkirchlichen Zusammenhänge bewegt, dem begegnet immer wieder die Bedeutung und Wertschätzung kleinbäuerlicher Landwirtschaft. Bereits vor vielen Jahren erklang der Slogan „Small is beautiful“, um auf den wichtigen Beitrag kleinräumiger Strukturen zur Nahrungssicherheit und zu einer nachhaltigen Bewirtschaftung hinzuweisen. Einige Jahre schien dies eher ein abseitiges Kapitel aus Utopia und damit nur Thema für unrealistische Weltverbesserer zu sein, bis allmählich auch bei renommierten Ökonomen und schließlich sogar im so genannten „Weltentwicklungsbericht“, der jährlich von der Weltbank herausgegeben wird, die Bedeutung von Kleinbauern hervorgehoben wurde. In den Fragen nach der Gestaltung der kleinbäuerlichen Landwirtschaft zwischen den Polen Subsistenzökonomie und regional bezogener Marktversorgung spiegeln sich die großen Zusammenhänge von Ernährungssicherheit, und damit der Hungerreduktion, sowie von Nachhaltigkeit und Bewahrung der Schöpfung.

Anlass und Anstoß für dieses Buch ist das zehnjährige Jubiläum der Stiftung „Brot für alle Menschen“, die Erzbischof Ludwig Schick anlässlich seines 60. Geburtstages 2009 ins Leben gerufen hatte. In diesen zehn Jahren wurden neben konkreter Nothilfe immer auch Projekte zur langfristigen Förderung kleinbäuerlicher Landwirtschaft in den Blick genommen und gefördert. Mit diesem Buch soll daher zweierlei geleistet werden: zum einen diese Stiftung grundsätzlich vorzustellen und zu beschreiben, zum anderen grundlegende Erfahrungen in den Blick zu nehmen.

In einem ersten Kapitel wird die Stiftung „Brot für alle Menschen“ vorgestellt. Im persönlichen Gespräch berichtet Erzbischof Ludwig Schick von den ersten Impulsen und der Gründung und von den Entwicklungen und weiterführenden Zielsetzungen.

In einem zweiten Kapitel wird der Fokus auf Grundsätzliches und damit auf den Hintergrund der Stiftung verlagert.

Im dritten und ausführlichsten Kapitel werden die beiden Blickwinkel und vorhergehenden Überlegungen zusammengeführt. Die einzelnen Projektberichte lesen sich wie eine Sammlung von „Best-Practice-Beispielen“, also im konkreten Sinne als Berichte aus der Praxis im großen Feld von Entwicklungszusammenarbeit und Weltkirche. In diesen Berichten werden auch die persönlichen Beziehungen zum Gründer der Stiftung immer wieder deutlich:

- Mit Bischof André Guèye aus dem Senegal wird die Partnerschaft zwischen den beiden Diözesen in Bamberg und Thiès deutlich, die sich eben auch in der Unterstützung landwirtschaftlicher Projekte zeigt.
- Mit Pater Heribert Müller SJ kommt ein jesuitischer Missionar zu Wort, der mit dem Erzbischof seit Ministrantentagen verbunden ist. Diese Verbindung hat sich im gemeinsamen

Bemühen um die Menschen über Grenzen und Kontinente hinweg und damit auch in Zimbabwe und Mosambik bewährt, „damit alle ein Leben in Fülle haben".

- Ein weiterer Brückenbauer über die Kontinente ist Bischof Philippe Alain Mbarga, der bereits als Student mit Ludwig Schick in Kontakt kam, und nun in Kamerun Projekte der Stiftung begleitet und verantwortet.

Exemplarisch folgen zwei weitere Erfahrungsberichte, die den Blick auf andere Kontinente lenken und von Jesuiten geleitet werden, mit denen Erzbischof Ludwig Schick nicht nur in seiner Diözese, sondern weltweit in Kontakt steht:

- Bruder Noel Oliver SJ berichtet vom Aufbau nachhaltiger Landwirtschaft in Sri Lanka und Kambodscha,
- Klaus Väthröder SJ von der Bedeutung landwirtschaftlicher Kooperativen als Katalysatoren für eine ganzheitliche Entwicklung.
- Der Leiter von Caritas International, Oliver Müller, verweist in seinem Projektbericht am Beispiel von Syrien und Ostafrika auf die Bedeutung schneller Nothilfe.

Wenn es um „Brot für alle Menschen" geht, dann muss neben dem Aufbau und der Förderung landwirtschaftlicher Entwicklung auch die direkte Unterstützung in Notsituationen möglichst schnell und effizient sein. Diese Herausforderung nehmen die beiden Grundsatzartikel von Gerd Müller und Pirmin Spiegel in den Fokus:

- Der Bundesminister für wirtschaftliche Zusammenarbeit und Entwicklung, Dr. Gerd Müller, fragt konkret nach den Rahmenbedingungen, die wir für ein Leben ohne Hunger und Armut in der Welt in den Blick nehmen müssen; dabei rückt auch die Bedeutung der kleinbäuerlichen Strukturen in den Mittelpunkt.

- Pirmin Spiegel, der Leiter und Hauptgeschäftsführer von Misereor, verfügt über langjährige Erfahrungen bei der Analyse von landwirtschaftlicher Förderung, aber eben auch deren politischer Gefährdung.

In einem weiteren Kapitel werden schließlich theologische Referenzen für dieses Projekt benannt:

- Claudio Ettl formuliert biblische Impulse, die sich aus dem Auftrag „Gebt ihr ihnen zu essen!" für die soziale und entwicklungspolitische Arbeit der Kirche ergeben.
- Pater Heribert Müller SJ reflektiert über die Bedeutung des Stiftungsnamens „Brot für alle Menschen" aus christlicher Sicht.
- Die Verantwortung für die Schöpfung spiegelt sich auch in einem Gebet von Papst Franziskus aus seiner Sozialenzyklika „Laudato Si'" wider.

So ist dieses Buch keine wissenschaftliche Auseinandersetzung, auch keine Dokumentation der Projektarbeit, sondern eine zweifache Einladung: zum einen, die Stiftung unseres Erzbischofs kennenzulernen, und zum anderen, über die Bedeutung kleinbäuerlicher Landwirtschaft nachzudenken.

Siegfried Grillmeyer

ST MARTIN DE PORRES
ROMAN CATHOLIC CHURCH
Re Opened By
ARCH BISHOP
LUDWIG SCHICK
OF BAMBERG, GERMAN
02 FEBRUARY 2013

Geleitwort

Die Bischöfe haben Anteil an der Sorge für alle Kirchen

Diese grundsätzliche Aussage des II. Vatikanischen Konzils (CD 3) bezieht sich zunächst auf die in der dogmatischen Konstitution über die Kirche – Lumen Gentium – festgestellte Lehre, wonach das gesamte Bischofskollegium, in Gemeinschaft mit dem Papst, „Träger der höchsten und vollen Gewalt über die ganze Kirche" ist (LG 22). Damit wird der Bereich der Lehre und der Leitung in den Blick genommen, wie er z. B. bei einem ökumenischen Konzil oder einer Bischofssynode verwirklicht wird.

Gemeint ist aber auch die weltweite Verbundenheit der einzelnen Bischöfe miteinander, um die alltäglichen Sorgen und Probleme, aber auch die Freuden zu teilen und sich gegenseitig nach Kräften zu unterstützen. Diese Praxis findet sich bereits in der frühen Kirche, als die Bischöfe einer Provinz durch regelmäßige Treffen (Synoden), gegenseitige Besuche und regen Briefwechsel miteinander in Verbindung standen, und sie fand Eingang in die liturgische Vorschrift, wonach ein Bischof durch mindestens drei andere Bischöfe geweiht werden muss. Hierbei geht es nicht um die Regeln eines exklusiven Männerclubs oder zuerst um die Pflege persönlicher Freundschaften, sondern es geht darum, dass die Ortskirchen voneinander wissen und miteinander in Kontakt bleiben, sich gegenseitig bereichern und stärken und so die Einheit leben.

Was bedeutet es nun, einen Erzbischof zu haben, der seit 18 Jahren Mitglied der „Kommission Weltkirche" der Deutschen Bischofskonferenz ist, und davon seit 13 Jahren deren Vorsitzender? Es bedeutet, dass die „Sorge für alle Kirchen" sehr konkret wird. Plötzlich rückt Bamberg ein wenig mehr in den Mittelpunkt des Weltgeschehens. Beim Nennen dieses Ortsnamens huscht bei vielen Bischöfen aus den unterschiedlichsten Kontinenten ein frohes Lächeln über das Gesicht, und sie antworten: „Ah, Ludwig Schick!"

Es bedeutet aber auch, dass die Weltkirche nach Bamberg kommt, unseren Blick weitet und das Kirche-Sein vor Ort bereichert. Wie oft nehmen Bischöfe, Priester, Diakone, Ordensleute und Laien aus den unterschiedlichsten Ländern an Gottesdiensten und Festen im Erzbistum Bamberg teil und machen so deutlich, dass katholische Kirche sich niemals auf das Kirche-Sein vor Ort beschränken kann, sondern nur in der Verbundenheit und Einheit mit der Weltkirche atmet und lebt.

Weltkirchenarbeit ist in den Augen von Erzbischof Ludwig Schick keine Einbahnstraße, sondern ist Netzwerkarbeit auf den unterschiedlichsten Ebenen des Volkes Gottes, ist Geben und Nehmen und ist gemeinsames Wachsen im Glauben, in der Hoffnung und in der Liebe. Daher die Förderung vieler Initiativen und Partnerschaften, nicht zuletzt der Diözesanpartnerschaft mit der Diözese Thiès im Senegal. Daher auch die Stiftung „Brot für alle Menschen", die von Erzbischof Ludwig Schick, anlässlich seines 60. Geburtstags auf den Weg gebracht wurde und nun – 10 Jahre später – mit ihm zusammen runden Geburtstag feiern darf. Das vorliegende Buch ist speziell diesem Anlass gewidmet und will die Stiftung „Brot für alle Menschen" vorstellen. Einen herzlichen

Gruß allen, die sich in den vergangenen 10 Jahren bis heute diesem weltkirchlichen Anliegen geöffnet, es unterstützt und begleitet haben. In vielen Teilen der Welt wurde auf diese Weise Hilfe zur Selbsthilfe geleistet, wurden Initiativen gestartet, die es Menschen und ihren Familien gestatten, ihr Leben selbstbestimmt und mit der Perspektive auf eine gute Zukunft zu führen.

Durch sein weltkirchliches Engagement hat Erzbischof Ludwig Schick auch dem Erzbistum Bamberg einen unschätzbaren Dienst erwiesen, denn der Blick über den eigenen Kirchturm hinaus bringt positive Impulse für die eigene Arbeit, vermittelt direkt echte Glaubensfreude und ermutigt dazu, die Frohe Botschaft auf neue und unbeschwerte Weise hier bei uns unter die Menschen zu tragen. Exemplarisch wurde das erlebbar bei der Gestaltung des Heinrichsfestes 2019 durch Priester, Ordensschwestern und Laien aus Indien.

Im Namen des Bamberger Metropolitankapitels gratuliere ich der Stiftung „Brot für alle Menschen“ zum zehnjährigen Bestehen. Ich danke Erzbischof Ludwig Schick für seine Initiative und wünsche ihm anlässlich seines 70. Geburtstages weiterhin viel Schaffenskraft, Gelassenheit und frohe Zuversicht. Möge Gott ihn und seine Initiativen auch in Zukunft mit seinem Segen begleiten! Ad multos annos!

WEIHBISCHOF HERWIG GÖSSL

Seit 2014 Weihbischof im Erzbistum Bamberg und Dompropst. Zuvor Subregens an den Priesterseminaren der Diözese Würzburg und der Erzdiözese Bamberg. Mitglied der Caritaskommission und der Kommission Ehe und Familie der Deutschen Bischofskonferenz.

1

Die Stiftung Brot für alle Menschen

Stiftung „Brot für alle Menschen“

Bis Ende 2018 konnte die Stiftung bereits 23 Projekte mit insgesamt ca. 480.000 Euro fördern. Die Gelder gingen nach Äthiopien, Burkina Faso, in den Irak, nach Kambodscha, Kamerun, Kenia, Kuba, Mauretanien, in die Sahelzone, nach Senegal, Simbabwe, Sri Lanka und Syrien.

Entstehung und Entwicklung

„Brot für alle Menschen". Der Name klingt fast schon provozierend. Er verrät aber viel über das Ziel. Erzbischof Ludwig Schick hat auf seinen Reisen durch Afrika, Asien und Südamerika viel Armut, hungernde und kranke Kinder, ausgetrocknete Felder und versiegende Wasserquellen gesehen. Dieses Leid geht ihm sehr zu Herzen. Er ist überzeugt: „Obwohl die Not in der Welt riesig und der Beitrag, den jeder Einzelne von uns leisten kann, klein ist, können wir etwas bewirken, wenn wir alle zusammen helfen".

Aus diesem Grund hat der Bamberger Erzbischof anlässlich seines 60. Geburtstags im Jahr 2009 eine Stiftung gegründet und mit 100.000 Euro Stammkapital ausgestattet. Die Erträge aus der Stiftung sollen dazu beitragen, die Not in der Welt zu lindern. Insbesondere fördert das Geld aus der Stiftung die kleinteilige Landwirtschaft in den Entwicklungsländern durch Kauf von gutem Saatgut und Düngemitteln sowie durch den Bau von Bewässerungsanlagen.

Einen weiteren Schwerpunkt der Hilfe bildet die Vermittlung von Know-how und die landwirtschaftliche Fachausbildung, z. B. in Landwirtschaftsschulen im Senegal, in Niger und Simbabwe. Darüber hinaus wird nach dem Wunsch des Erzbischofs Geld für akute Notfälle bereitgestellt.

Die Geschichte der Stiftung kann man ohne Übertreibung als Erfolgsgeschichte bezeichnen. In den zehn Jahren ihres Bestehens hat sie fast eine halbe Million Euro ausgeschüttet, wovon 16 Initiativen bzw. Spendenaufrufe profitieren konnten. Durch Eigenleistung und mit der Hilfe der Spenderinnen und Spender kann der Erzbischof großzügig sein und gezielt auch größere und längerfristige Maßnahmen unterstützen. Bei der Vergabe handelt er überlegt und nicht nach „Gutsherrenmanier". Die meisten Begünstigten kennt er persönlich. Zudem sind ihm professionelle Expertisen – etwa von Länderreferenten der international tätigen katholischen Hilfswerke – eine wichtige Entscheidungshilfe.

Afrika im Blick

Auffällig ist, dass ein deutlicher Schwerpunkt der Hilfe nach Afrika geht – vor allem in die ärmsten und trockensten Länder: nach Simbabwe, Mosambik, Kamerun, Burkina Faso oder in den Senegal. Dies offenbart auch den hohen Stellenwert, den der Bischof dem Kontinent, insbesondere den Menschen dort einräumt.

Seit 1989 hat sich Erzbischof Ludwig Schick in Besuchen und vielen Begegnungen ein Bild von der Situation der einheimischen Bevölkerung in Afrika gemacht. Er hat gesehen, wie viele Menschen „nicht nur arm sind, sondern auch im Elend leben, aus dem sie oft nicht herauskommen können".

Deswegen bleibt finanzielle Hilfe aus Stiftungen und internationaler Entwicklungshilfe nach wie vor unverzichtbar. In Zahlen ist sie beachtlich: 74,4 Milliarden Euro hat alleine die Europä-ische Union 2018 als wichtigster Akteur von Entwicklungshilfe ausgegeben. Nicht alles kommt aber bei den vielen Millionen Menschen an, die wirklich Unterstützung benötigen. Aus diesem Grund hat sich Erzbischof Ludwig Schick – vor allem in seiner Funktion als Vorsitzender der Kommission Weltkirche der deutschen Bischofskonferenz – mehrfach gegen eine Entwicklungshilfe gewandt, die vorrangig auf prestigeträchtige Großprojekte setzt.

Mit der Stiftung „Brot für alle Menschen" möchte der Erzbischof mit gutem Beispiel vorangehen. Die von ihm (nicht nur) in Afrika unterstützten Projekte zielen auf Hilfe zur Selbsthilfe. Sie wollen Familien auf dem Land stärken und ihnen Perspektiven eröffnen. Und sie wollen den Zugang zum überlebenswichtigen Wasser erleichtern und für einen effektiven Umgang mit diesem kostbaren Gut sensibilisieren. Daher fiel die Entscheidung für Brunnenprojekte in der Sahelzone und daher liegt der Schwerpunkt auf den Landwirtschaftsschulen.

Über 800 Millionen Menschen leiden weltweit an Hunger. Rund zwei Milliarden Menschen sind aufgrund ihrer Armut fehl- und mangelernährt. Das muss nicht sein. Denn es gibt mehr als genug Lebensmittel, um alle 7 Milliarden Menschen auf der Erde zu ernähren. Darauf hat Erzbischof Ludwig Schick mehrfach, etwa anlässlich des Welternährungstages am 16. Oktober, hingewiesen. So dürften Anbauflächen in den Ländern des globalen Südens nicht „für Spritgewinnung und andere Luxusgüter zweckentfremdet" werden. Stattdessen sollten Grund und Boden der einheimischen Bevölkerung zur Verfügung stehen und die Menschen in der richtigen Vorratsspeicherung angeleitet werden.

Dazu braucht es Projekte, die bei den Menschen auf dem Land und in ihrer unmittelbaren Lebenssituation ansetzen. Projekte eben, wie sie die Stiftung von Erzbischof Ludwig Schick unterstützt. Dann kann die Forderung „Brot für alle Menschen" nicht mehr provozierend wirken, sondern Wirklichkeit werden.

Michael Kleiner

Mehr als ein Tropfen auf den heißen Stein

Siegfried Grillmeyer im Gespräch mit Erzbischof Ludwig Schick

Siegfried Grillmeyer (SG): Lieber Herr Erzbischof, in diesem Jahr dürfen wir das 10-jährige Jubiläum der Stiftung „Brot für alle Menschen" feiern. Wie kamen Sie auf die Idee, diese Stiftung ins Leben zu rufen?

Ludwig Schick (LS): Zunächst einmal war mir das Anliegen „Brot für alle Menschen" schon lange vor Gründung der Stiftung eine Herzensangelegenheit. Die Frage, wie man alle Menschen mit Brot versorgen, das heißt, ihre Ernährung sicherstellen kann, hat mich sehr beschäftigt. Ich kam immer mehr zu dem Schluss, dass das Ziel nur erreicht werden kann, wenn möglichst viele

Menschen ihre Nahrungsmittel selbst in ihrem eigenen Lebensraum produzieren können.
Ein weiterer Grund für die Initiierung der Stiftung war mein 60. Geburtstag 2009. Viele Menschen wollten mir Geschenke machen. Persönlich will und brauche ich nicht mehr als ich habe. So wünschte ich mir anstelle von Geburtstagsgeschenken Spenden, mit denen ich den Kapitalstock der Stiftung „Brot für alle Menschen" bilden konnte.

SG: Die Stiftung „Brot für alle Menschen" soll vor allem die Landwirtschaft in den Entwicklungsländern fördern. Wie kommt es, dass Sie sich als Erzbischof persönlich so sehr mit dem Thema Landwirtschaft befassen?

LS: Ich bin ein Landkind. Meine Mutter stammt aus einer Landwirtschaft, und viele meiner Cousins und Cousinen waren in der Landwirtschaft tätig. So ist mir von Kindesbeinen an die Liebe zur Landwirtschaft vermittelt worden und ich durfte von klein auf lernen, wie es ist, wenn ich mir das, was ich auf den Teller bekomme, selbst erarbeitet habe. Diese Erfahrungen vermittelten mir schon früh einen Bezug zum Ackerboden, zu den Jahreszeiten, zu Regen und Sonnenschein. Ich lernte die Umwelt und die gesamte Schöpfung schätzen.
Es gibt fruchtbaren Boden in Afrika und es können mehr Nahrungsmittel dort produziert werden. Es ist mir ein Anliegen, dabei mitzuwirken. Außerdem: Egal, welche Berufe die Menschen später ergreifen – es ist für jeden Einzelnen wichtig, eine Beziehung zum Land, zum Boden, zur Natur, zur Schöpfung aufzubauen. Denn man

setzt sich ja nur für etwas ein, zu dem man eine Beziehung hat, was man wirklich liebt und als wertvoll erachtet. So soll sich die Stiftung auch für die Bewahrung der Schöpfung einsetzen.

SG: Wie wählen Sie die Projekte aus, die über die Stiftung unterstützt werden sollen?

LS: Die meisten Projekte kommen einfach auf mich zu: Sie werden mir von Menschen zugetragen, die ich bei meinen Besuchen in der weiten Welt kennenlerne und die mir von konkretem Mangel oder Bedürfnissen berichten; sie teilen mir auch ihre Ideen mit, wie Ernährungsprobleme vor Ort gelöst werden könnten. Diese Informationen nehme ich mit nach Hause und bespreche sie mit meinen Mitarbeiterinnen und Mitarbeitern im Erzbistum oder mit Kooperationspartnern, mit denen ich zusammenkomme. So entstehen die einzelnen Projekte und Hilfsmaßnahmen. Die Anfrage kommt also von außen, worauf eine Besprechung und Entscheidung folgt.

SG: Ist es weiterhin so, dass auch andere Menschen die Projekte Ihrer Stiftung mitunterstützen?

LS: Ja, ich bekomme sehr viel Hilfe. Es gibt sogar Menschen, die bei ihren eigenen Geburtstagsfeiern anstatt von Geschenken eine Spende für die Stiftung „Brot für alle Menschen" erbitten. Zudem bekomme ich immer wieder zahlreiche Einzelspenden.

SG: Lassen Sie uns nun über Zahlen sprechen: Was und wie viel können Sie tun? Von welchem Spendenvolumen sprechen wir?

LS: Im letzten Quartal des vergangenen Jahres und in diesem Jahr haben wir Gesamtspenden in Höhe von 50.000 Euro erhalten, die ich in Projekte weitergeben kann. Im Augenblick gebe ich, wegen der geringen Zinsen, kein Geld in das Stiftungskapital, es sei denn, es ist der ausdrückliche Wunsch des Geldgebers. Derzeit sind auch so viele Anfragen da, dass die Geldspenden auf die Stiftung verbucht, aber dann unmittelbar weitergegeben werden.

SG: Das heißt also, dass jeder Euro direkt dem guten Zweck zufließt. Wird die Verwaltung durch Sie geführt?

LS: Richtig, es gibt keine Verwaltungskosten. Das Geld kommt direkt bei den Hilfsprojekten an. Alle organisatorischen Fragen bespreche ich bei Zusammenkünften, die ich ohnehin mit den Verantwortlichen von Hilfswerken wie Misereor oder Caritas International habe, oder mit meinen Mitarbeiterinnen und Mitarbeitern des Referats Weltkirche im Erzbischöflichen Ordinariat Bamberg. Die Stiftungsgelder werden in der Rechtsabteilung im Erzbischöflichen Ordinariat Bamberg, verwaltet. Somit fällt für den bürokratischen Aufwand kein Cent an.

SG: Können Sie ein, zwei Projekte etwas konkreter skizzieren?

LS: Im Senegal wurde ich von Frauen um Unterstützung angefragt, die für ihre Familien eine kleine Gartenlandwirtschaft beginnen wollten. Das große Problem war die unzureichende Wasserversorgung. Der Senegal gehört zur Sahelzone, ist also ein sehr trockenes Gebiet. Wir haben zunächst versucht, die Wasserversorgung mit einer Bohrung sicherzustellen. Dieser Versuch ist allerdings nicht erfolgreich gewesen. Also haben wir das Problem mittels einer Wasserleitung gelöst. Jetzt können die Frauen ihren Garten bestellen, die Saat geht auf. Dieses Projekt trägt dazu bei, dass sich Familien selbst ernähren können. Durch diese Selbstständigkeit erwächst darüber hinaus den Frauen ein größeres Selbstbewusstsein. Einen Teil des Ertrags können sie auch verkaufen und dadurch besser wirtschaften.

SG: Bei einem anderen Projekt ging es einmal um Hühner für Simbabwe. Vielleicht können Sie zu diesem Projekt etwas mehr sagen und auch zum größeren Zusammenhang, denn es ist ja eingebunden in eine größere Struktur. Wie kam es dazu?

LS: In Simbabwe gibt es ein Landwirtschaftsprojekt für den Anbau von Mais, Obst und Gemüse. Auch Hühnerfleisch spielt hier eine wesentliche Rolle. Allerdings gab es keine adäquaten Ställe für die Hühner und keine Lagerräume für das Hühnerfutter. Die entsprechenden Gebäude wurden über die Stiftung finanziert.

SG: Haben Sie noch ein weiteres Beispiel?

LS: In Kamerun wurde einer meiner Studenten aus der Fuldaer Zeit zum Bischof der Diözese Ebolowa geweiht. Er bekam den Auftrag, dort eine Schule aufzubauen, die vielleicht auch einmal eine universitäre Einrichtung werden soll. Die Diözese Ebolowa ist eine reine Landdiözese, es gibt dort keine Städte. Es müssen den jungen Menschen dort nicht nur das allgemeine Schulwissen und handwerkliche Fähigkeiten, sondern auch Kenntnisse in der Landwirtschaft vermittelt werden. Sie können in ihrer Heimat auch nur eine Schreinerei, eine Schmiede oder einen anderen handwerklichen Betrieb aufbauen, wenn sie zugleich auf ihrem Grund und Boden Nahrungsmittel für ihre eigenen Bedürfnisse produzieren können. Der Bischof der Diözese Ebolowa hat mir erläutert, wie wichtig eine Landwirtschaftsschule zusammen mit den allgemeinbildenden und handwerklichen Schulen dort sei. Also hat die Stiftung „Brot für alle Menschen" die Finanzierung der Landwirtschaftsschule übernommen.

SG: „Brot für alle Menschen" ist das Motto der Stiftung, die Unterstützung soll dauerhaft und nachhaltig sein. Es gab aber auch schon den Fall, dass Sie für Soforthilfen Gelder ausgeschüttet haben. Wie kam es dazu?

LS: Bei meinen Reisen hatte ich festgestellt, dass in Flüchtlingslagern oder bei der Betreuung von Flüchtlingen Nahrungsmittel fehlten, und dass die Organisationen dafür nicht oder zu wenig Geld hatten. Angesichts solcher Notlagen habe ich immer wieder einmal konkrete Nahrungsmittelbeschaffung in Krisensituationen finanziell unterstützt, wenn genügend Spendengelder vorhanden waren.

SG: Wenn jemand zu Ihnen sagen würde: „Das ist ja immer ganz schön mit den Spenden, aber sie sind ja doch nur ein Tropfen auf den heißen Stein. Was nützt das?", was würden Sie diesem Skeptiker antworten?

LS: Das Bild vom Tropfen auf den heißen Stein kann man von zwei Seiten interpretieren. Man kann es pessimistisch sehen und sagen: „Nützt ja sowieso nichts". Aber wenn man dieses Bild

WELCOME

immer wieder pessimistisch interpretiert, wird zum Schluss gar nichts mehr getan. Dann geht alles den Bach hinunter. Man kann das Bild aber auch positiv verstehen: „Ja, das ist ein Tropfen auf den heißen Stein". Und wenn viele Tropfen auf den heißen Stein kommen, wird er auch abkühlen – was ja das Ziel ist.
Aber Sie haben natürlich recht: Was die Stiftung „Brot für alle Menschen" tut, ist ein Tropfen auf den heißen Stein. Es sind aber jetzt schon mehrere Tropfen auf den heißen Stein gekommen durch meine Stiftung. Damit ist ein Anfang gemacht. Jeder Tropfen, den ich durch die Stiftung einbringen kann, ist eine konkrete Hilfe und regt gleichzeitig zum Weiterdenken und Weiterhandeln an. Wer beispielsweise die Landwirtschaftsschule besucht hat, wird sein Wissen weitergeben. So wird sich Stück für Stück etwas ändern. Ich wiederhole es immer wieder: Für Entwicklung braucht man Langstreckenläufer, keine Sprinter. Sprinter greifen zu kurz. Wir , die dran bleiben, brauchen Geduld, Langmut und Treue.

SG: Lassen Sie uns bitte nochmals über den Namen Ihrer Stiftung „Brot für alle Menschen" reden: Warum haben Sie diesen Titel gewählt? Meinen Sie mit „für alle" tatsächlich „nicht nur für Christen"? Was ist Ihr Anspruch?

LS: Der Anspruch entspricht grundsätzlich dem Anspruch der Entwicklungsziele aus dem Jahr 2000 und den heute gültigen, nochmal gefassten sogenannten nachhaltigen Entwicklungszielen. In diesen wird gefordert: Der Hunger in der Welt muss überwunden werden. Ein Mensch kann sich nur für seine Mitmenschen einsetzen und bei der Entwicklung von Gemeinwohl mitwirken, wenn er die nötigen Nahrungsmittel bekommt. Deshalb will ich etwas für die Grundversorgung der Menschen tun. „Brot für alle Menschen" heißt tatsächlich „Brot für alle Menschen". Wir beten im Vaterunser: „... unser tägliches Brot gib uns heute ...". Das meint uns als Menschheitsfamilie – also uns alle. Wir dürfen keinen ausschließen. Das hat Jesus auch nicht getan. Bei der wunderbaren Brotvermehrung waren viele verschiedene Menschen da, alle wurden satt. Es ist ein Anspruch an die humane Menschheitsfamilie, dass wir uns um das „Brot für alle Menschen" sorgen. Das wollte ich mit dem Titel der Stiftung auch zum Ausdruck bringen.

SG: Und nach der Basisversorgung erfolgt dann die Evangelisierung?

LS: Man kann nur Christ sein und als Christ leben und wirken, wenn man die entsprechende Kraft im Körper hat. So kann man das Anderen auch weitergeben.

SG: Werfen wir einen Blick zurück: 10 Jahre „Brot für alle Menschen" – sind Sie zufrieden mit der Entwicklung der Stiftung – mit dem, was Sie erreicht haben?

LS: Ich bin ein Mensch, der immer mehr von sich selbst und auch von anderen erwartet. Mit der Stiftung geht es mir ebenso. Ich hätte gerne noch viel mehr gemacht, viel mehr unterstützt und mehr Hilfe geleistet, um den Hunger in der Welt zu überwinden. De facto haben wir 2019 aber weniger Hungernde als noch vor 20 oder 30 Jahren. Leider steigt im Augenblick die Zahl wieder durch Klimawandel, zunehmende Konflikte und Kriege in bestimmten Regionen. Wir konnten einiges mit der Stiftung bewegen und bewirken. Dafür bin ich dankbar und auch zufrieden, aber damit ist das Grundproblem noch nicht gelöst: Es gibt noch immer Menschen, die Hunger leiden. Deshalb möchte ich und müssen wir weitermachen.

SG: Was wünschen Sie sich für die nächsten zehn Jahre? Sehen Sie besondere Schwerpunkte für das Engagement der Stiftung?

LS: Mit der Stiftung möchte ich mich noch mehr für die Entwicklung von Landwirtschaftsschulen einsetzen, denn in diesen sehe ich eine Möglichkeit, das Grundproblem besser in den Griff zu bekommen. Entwicklungshilfe muss Hilfe zur Selbsthilfe sein. Man muss die Menschen befähigen, ihr Leben selbst in die Hand zu nehmen. Die Menschen brauchen das nötige Wissen, um selbst Nahrungsmittel für ihre Familien erzeugen zu können. Damit wäre auch die Grundversorgung für zukünftige Generationen gesichert. Deshalb möchte ich noch mehr den Schwerpunkt auf Landwirtschaftsschulen legen. Ich wünsche mir auch, dass sich mehr Menschen und Organisationen dieses Problems annehmen.
Wichtig ist vor allem, dass wir mehr für die Bewahrung der Schöpfung tun: Wenn es in den Küstenregionen immer mehr Wirbelstürme gibt und der Meeresspiegel weiter ansteigt, wird fruchtbares Land weggespült oder unfruchtbar gemacht. Im Landesinneren dürfen sich die Wüsten nicht weiter ausbreiten. Meine Stiftung will in Zukunft auch noch mehr das Bewusstsein für die Bewahrung der Schöpfung gegen den Hunger schärfen.

SG: Ein schönes Schlusswort. Da gibt es noch viel zu tun.

Die Stiftung in Zahlen

Anlässlich seines 60. Geburtstages im Jahr 2009 gründete Erzbischof Schick die Stiftung „Brot für alle Menschen" zur Mithilfe bei der Bekämpfung des Nahrungsmangels in Entwicklungsländern und stattete sie mit einem Grundkapital von 100.000 Euro aus.

Diese Stiftung wird zusammen mit derzeit weiteren 42 überwiegend von Privatpersonen errichteten Stiftungen von der Stiftung „Stiftungszentrum des Erzbistums Bamberg zur Förderung kirchlicher Stiftungen und Einrichtungen" verwaltet. Erster Vorsitzender des Stiftungszentrums ist Erzbischof Dr. Ludwig Schick selbst. Die Geschäftsführung übt der Leiter der Rechtsabteilung des Erzbischöflichen Ordinariats Bamberg, Dr. Johannes Siedler, aus. Dadurch ist gewährleistet, dass die Verwaltungskosten minimal sind, und die Spenden zu 100 Prozent dem Stiftungszweck zugutekommen. Die Organe dieser Stiftung werden vom jeweiligen Erzbischof von Bamberg bestellt. Wie bei den meisten Stiftungen auch ist die Stiftung „Brot für alle Menschen" auf Ewigkeit angelegt, also von der Amts- oder Lebenszeit des Stifters unabhängig.

Das Stiftungsvermögen beträgt derzeit 237.137,89 Euro (Stand Juli 2019). Es ist ungefähr zur Hälfte in verzinslichen Wertpapieren, in einem internationalen Aktienfonds, in einem unter Nachhaltigkeitsgesichtspunkten investierenden kirchlichen Aktienfonds und in einer Mikrofinanzanlage (Oikocredit) angelegt. Dank der Spenden kann wirksame Hilfe bei Projekten wie z. B. beim Aufbau einer Landwirtschaftsschule geleistet werden.

Zu den vom Stiftungszentrum verwalteten Stiftungen zählt auch die bereits im Jahr 2005 von Erzbischof Ludwig Schick gegründete Familienstiftung Kinderreich, deren Zweck die Förderung Not leidender kinderreicher Familien und die Bewusstseinsbildung für ihren gesellschaftlichen Wert ist.

Die Zwecke der Stiftungen unter dem Dach des Stiftungszentrums des Erzbistums Bamberg sind von den jeweiligen Stiftern festgelegt. Ihre Vermögenserträge und die Spenden kommen karitativen, sozialen, kulturellen und kirchlichen Aufgaben zugute. So konnten im Jahr 2018 ca. 350.000 Euro Zuschüsse an gemeinnützige Einrichtungen vergeben werden. Spenden können übrigens als Sonderausgaben in der Einkommensteuererklärung angegeben werden. Zustiftungen zu bereits bestehenden Stiftungen sind genauso möglich wie die Gründung einer neuen Stiftung, deren Zweck und Name vom Stifter festgelegt wird.

Ansprechpartner: Dr. Johannes Siedler,
Erzbischöfliches Ordinariat, Rechtsabteilung
Domplatz 3 • 96049 Bamberg • Telefon: (0951) 5 02-15 20
E-Mail: johannes.siedler@erzbistum-bamberg.de
Spenden-Konto: Liga-Bank
IBAN: DE15 7509 0300 0109 0577 30; BIC: GENODEF1MO5
www.brot-fuer-menschen.de

DR. JOHANNES SIEDLER

Rechtsdirektor; Mitinitiator und Geschäftsführer der Stiftung „Stiftungszentrum des Erzbistums Bamberg zur Förderung kirchlicher Stiftungen und Einrichtungen".

2

Hintergrund und Analyse

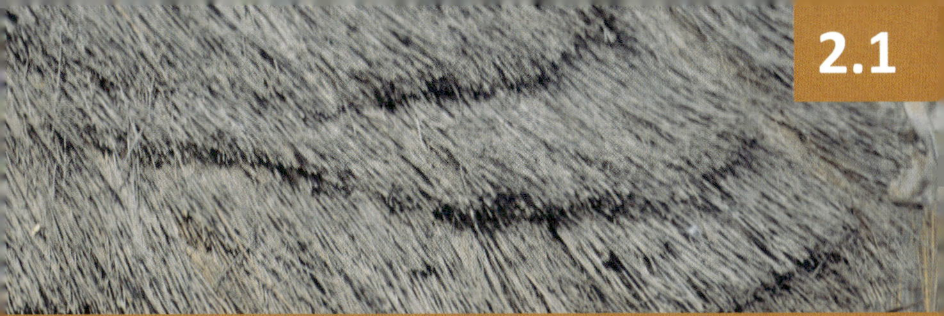

2.1

Die Bedeutung kleinbäuerlicher Landwirtschaft

von Gerd Müller

Eine Welt ohne Hunger ist möglich – die „Ernte von unten" fördern

Als Christen müssen wir für ein Leben aller in Würde tun, was in unserer Macht und Verantwortung steht.

Unsere Erde könnte alle Menschen ernähren, und zwar gut und ausgewogen. Das Potenzial ist da: die Böden, das Wasser, die Pflanzen und vor allem das Wissen. Aber nach jahrelangen Fortschritten entfernen wir uns wieder von einer Welt ohne Hunger: Mehr als jeder zehnte Mensch ist unterernährt – 820 Millionen, Tendenz steigend. Gründe sind das anhaltende Bevölkerungswachstum besonders in vielen armen Ländern, die Zunahme von Gewaltkonflikten, die immer häufigeren Dürren und Überschwemmungen aufgrund des Klimawandels, vor allem aber weiterhin Armut.

Hinzu kommt – weniger sichtbar, aber nicht minder dramatisch: Zwei Milliarden Menschen nehmen zwar genug Kalorien zu sich, aber zu wenig Vitamine und Mineralstoffe, um gesund zu bleiben. Auf der anderen Seite gelten über zwei Milliarden Menschen als übergewichtig oder fettleibig. Ihre Zahl steigt gerade in Schwellenländern rasant.

Das Grundproblem dahinter ist meist Armut. Vier von fünf Armen leben auf dem Land – oft als Kleinbauern von Subsistenzlandwirtschaft. 90 Prozent der Farmen weltweit sind Familienbetriebe, sie sind das Rückgrat der weltweiten Nahrungsmittelversorgung. Hier müssen wir ansetzen, müssen die „Ernte von unten" fördern: durch gesicherten Zugang zu Grund und Boden, zu Bewässerung, Landmaschinen, zu modernem Wissen und Technik, zu Finanzdienstleistungen und Märkten. 2014 habe ich deshalb als Bundesminister für wirtschaftliche Zusammenarbeit und Entwicklung die Sonderinitiative „Eine Welt ohne Hunger" gestartet.

Wir dürfen dabei nicht einfach unsere Lösungen und Technologien überstülpen. Innovationen müssen auf kleinbäuerliche Strukturen und Bedürfnisse zugeschnitten sein. Wie wollen wir das schaffen?

Erstens: Innovation

Der Dünger der Zukunft heißt „Innovation". Früher stiegen die Erträge vor allem durch mehr Fläche, mehr Wasser, mehr Dünger. Heute basieren weltweit 50 Prozent der Produktionssteigerungen auf Innovationen wie beispielsweise widerstandsfähigere und ertragreichere Sorten. Oder auf digitalen Techniken, durch die Kleinbauern Zugang zu wichtigen Informationen bekommen: vom günstigsten Aussaatzeitpunkt über die besten Marktpreise bis hin zu Handlungsempfehlungen bei Pflanzenkrankheiten.

Mit mehr Know-how könnten auch in kleinen Betrieben ähnliche Hektarerträge erzielt werden wie in großen. Wir haben deshalb 15 „Grüne Innovationszentren" aufgebaut, 14 in Afrika und eines in Indien. Dort wird gezeigt: So kann es gehen! In Benin z. B. wurde eine neue Reissorte aus Asien getestet, die genau zu den Böden und Wasserressourcen vor Ort passt. Sie bringt den doppelten Ertrag. In Ghana haben wir Solartrockner verbreitet, damit das geerntete Getreide nicht verschimmelt.

Zweitens: Ausbildung

„Landwirt" ist für mich der wichtigste Beruf der Zukunft. Aber er muss auch attraktiv sein. Millionen junger Menschen, die auf dem Land zur Welt kommen, sind heute über die digitalen Medien an den Rest der Welt angeschlossen, sie sehen, wie andere leben, und wollen natürlich nicht im Dorf des 19. Jahrhunderts zurückbleiben. Wenn Landwirtschaft nicht zu einem modernen, einkommensstarken Business wird, stimmen diese jungen Menschen mit den Füßen ab.

Wir setzen deshalb – so wie auch die Stiftung „Brot für alle Menschen“ – auf Aus- und Fortbildung zu Bewässerungsmethoden, zur Weiterverarbeitung von Rohprodukten oder zur Unterstützung bei Existenzgründungen. So kann auch kleinbäuerlichen Betrieben der Sprung zur Einkommen schaffenden Marktproduktion gelingen. Investitionen in die Professionalisierung der Landwirtschaft sind also zugleich Investitionen in Jugendbeschäftigung und in Perspektiven jenseits der Abwanderung in die Slums der Städte. Nur ein wettbewerbsfähiger Agrar- und Ernährungssektor kann Millionen von jungen Menschen in ländlichen Gebieten Beschäftigung und Einkommen und damit Bleibeperspektiven geben.

Drittens: Finanzierung

Kleinbauernbetriebe und kleine Unternehmen im Agrarbereich haben häufig weder die nötigen Sicherheiten noch das nötige betriebswirtschaftliche Wissen, um Kredite oder Darlehen aufzunehmen. Für normale Geschäftsbanken sind sie zu riskante und zu wenig lukrative Kunden. All das hält kleinbäuerliche Betriebe davon ab, zu wachsen. Experten schätzen die Finanzierungslücke allein in Subsahara-Afrika auf rund 180 Milliarden US-Dollar. Wir verbessern deshalb systematisch den Zugang zu Darlehen, Sparprodukten, Versicherungen.

Viertens: Wertschöpfung

Entscheidend für die Armutsbekämpfung und damit auch für die Überwindung von Hunger und Mangelernährung ist die Frage, wie viel am Ende im Geldbeutel der Kleinbauernfamilien bleibt. In

Cote d'Ivoire beispielsweise, dem mit Abstand wichtigsten Anbauland für Kakao, kommen viele Bauern auf ein Tageseinkommen von gerade einmal 50 Cent pro Familienmitglied. Davon lassen sich kein Arzt und kein Schulbesuch bezahlen. Oft müssen die Kinder noch selbst auf den Plantagen mit anpacken. In Afrika muss jedes fünfte Kind arbeiten – Tendenz steigend! Mehr als zwei Drittel der Kinder arbeiten in der Landwirtschaft, vor allem beim Anbau von Kakao, Kaffee oder Baumwolle.

Doch Kinderarbeit ist nicht nur gefährlich, sie verbaut auch Lebenschancen: Ohne Schule keine Bildung, ohne Bildung kein Ausbrechen aus dem Teufelskreis der Armut. Zertifizierungssysteme für „fairen Kakao" sind ein wichtiger Ansatz, den wir weiter verbessern wollen. Aber oft werfen auch zertifizierte Produkte nicht genug ab. Daher wollen wir hier weitergehen und Unternehmen in Europa zu mehr Fairness und Nachhaltigkeit in ihren Lieferketten bewegen: Partnerschaften schließen, freiwillige Initiativen wie das „Forum Nachhaltiger Kakao" weiterentwickeln, Chancen der Digitalisierung nutzen. Per Blockchain etwa könnte der Weg agrarischer Rohstoffe bis zur Quelle zurückverfolgt werden. Denn nur, wenn die Erzeuger faire Preise bekommen, kann ländliche Armut überwunden werden.

Außerdem streben wir Job- und Ausbildungspartnerschaften mit europäischen und lokalen Unternehmen in der Landwirtschaft und in der Lebensmittelherstellung an. In Kenia haben wir beispielsweise eine Fabrik finanziert, die aus reifen Mangos, die sonst verrotten würden, Saft herstellt. Diese Fabrik sichert heute Zehntausenden Familien ein festes Einkommen. Die Finanzie-

rung und Technik stammen aus Deutschland. Solche Erfolgsbeispiele müssen wir vervielfachen.

Fünftens: Gleichstellung von Frauen

Die Benachteiligung von Frauen ist ein weiteres Entwicklungshemmnis, das überwunden werden muss. In vielen Entwicklungsländern produzieren Frauen 60 bis 80 Prozent der Nahrung. Aber im Schnitt gehören ihnen weniger als 20 Prozent der Böden. Sie haben geringere Bildungschancen, erhalten schwerer Kredite, haben oft keine Möglichkeit, Saatgut, Düngemittel oder Nutztiere zu kaufen. Allein durch Überwindung dieser Benachteiligungen könnte die Landwirtschaft in Entwicklungsländern 20 bis 30 Prozent mehr produzieren. Unsere Programme richten sich darum auch, wo immer möglich, gezielt an Frauen.

Sechstens: Rechte

Wer investiert auf einem Feld, wenn es nicht das eigene ist? Mehr als zwei Drittel der Weltbevölkerung hat keinen Zugang zu staatlich anerkannten Landregistrierungssystemen. In Afrika sind gerade mal 10 Prozent der ländlichen Flächen formal dokumentiert. Folge sind willkürliche Vertreibungen, Umsiedlungen und Landflucht. 50 Millionen Hektar Ackerflächen haben internationale Konzerne in den letzten Jahren aufgekauft, oft zulasten von Kleinbauern. Für sie bedeutet das Konkurrenz um Böden und Wasser, um ihre Existenzgrundlagen. Da sind vor allem Regierungen in der Pflicht. Das Bundesministerium für wirtschaftliche Zusammenarbeit und Entwicklung unterstützt, etwa mit Landrechtsexperten. Außerdem bauen wir ein afrikanisches Exzellenzzentrum für Landpolitik auf. Wir unterstützen unsere Partnerländer dabei, die Rahmenbedingungen für Landpolitik zu verbessern: mehr Transparenz, mehr Beteiligung der Bevölkerung, klarere Rechenschaftspflichten.

Siebtens: Bekämpfung von Mangelernährung

Zwei Milliarden Menschen bekommen zu wenig Nährstoffe. Und dieses Problem hat noch zu wenig Aufmerksamkeit! Wir steuern gegen, haben in 11 Ländern Programme gestartet: ganz konkret vor Ort Ernährungsberatung und Hygiene, vor allem für Mütter und Kleinkinder. Aber auch strukturbildend, indem wir nationale Programme gegen Mangelernährung unterstützen oder soziale Sicherungssysteme voranbringen. Und künftig werden wir vermehrt auch die andere Seite des Problems angehen: Übergewicht. Zwei Milliarden Menschen weltweit sind übergewichtig oder fettleibig, davon die Hälfte in Entwicklungs- und Schwellenländern.

Rahmenbedingungen schaffen

All diese praktischen Ansätze werden aber nur Früchte tragen, wenn der ländliche Raum endlich global mehr politische Aufmerksamkeit bekommt. Bislang werden die Probleme des ländlichen Raums zu oft ignoriert – und damit auch seine Potenziale zur Lösung von Problemen. Hier tragen alle Parteien Verantwortung: Die Regierungen der Entwicklungs- und Schwellenländer müssen günstige Rahmenbedingungen für Investitionen im ländlichen Raum schaffen. Das bedeutet beispielsweise, den ländlichen Raum mit guten Straßen anbinden und umständliche Zollformalitäten vereinfachen, damit Produkte leichter transportiert und – auch über die Grenzen hinweg – gehandelt werden können. Denn noch ist es – insbesondere in Afrika – leider häufig schneller und preiswerter, Agrarprodukte vom Weltmarkt zu importieren als aus dem eigenen Hinterland oder aus den Nachbarländern. Stabile Finanzsysteme, eine faire Bodenordnung, ein gutes Berufsbildungssystem sind weitere wichtige Voraussetzungen. Nur eine florierende private Wirtschaft schafft jedoch auf Dauer Arbeit und Einkommen. Es braucht also mehr Privatinvestitionen, die verantwortungsvoll die lokale Wertschöpfung auf dem Land fördern.

Gleichzeitig müssen wir helfen, die globalen Rahmenbedingungen zu verändern. Agrarprodukte aus afrikanischen Ländern sollten tatsächlich auf den europäischen Markt gelangen können. Da gibt es zum einen Hürden bei der Erfüllung unserer Qualitäts- und Sicherheitsstandards. Hier versuchen wir gezielt vor Ort zu helfen. Aber es gibt auch faktische Hürden, die nur die EU wegräumen könnte. Für Tomaten und Olivenöl aus Tunesien ist der Zugang z. B. immer noch beschränkt. Europa müsste zudem seine Landwirtschaftspolitik überdenken: In den nächsten sieben Jahren will die EU ihre Landwirte mit 400 Milliarden Euro unterstützen. Wie sollen da afrikanische Bauern in Europa konkurrenzfähig werden?

Auch wir müssen umdenken

Aber auch wir selbst als Verbraucherinnen und Verbraucher müssen uns fragen, welche Folgen unsere Ernährungsweise und unser Konsum für andere haben. So ist beispielsweise die Landfläche, die zur Deckung der europäischen Nachfrage nach Agrargütern benötigt wird, rund anderthalbmal so groß wie die tatsächliche Agrarfläche in Europa. So nehmen wir uns also mehr, als uns zusteht.

Insbesondere unser Fleischkonsum frisst Land: Regenwälder werden abgeholzt für riesige Sojaplantagen als Futtermittel. Viehzucht beansprucht 80 Prozent der globalen Nutzfläche, produziert aber nicht einmal 20 Prozent der Kalorien und Nährstoffe. Und jedes Nahrungsmittel, das hierzulande in der Mülltonne landet, ist Ressourcenverschwendung. Lebensmittelverschwendung zu stoppen, ist also auch ein Beitrag gegen den Hunger in der Welt.

Eine Welt ohne Hunger ist möglich!

Wir haben das Wissen, die Technik und die Instrumente. Aber wir brauchen den gemeinsamen politischen Willen und das praktische Engagement aller. Das Bundesministerium für wirtschaftliche Zusammenarbeit und Entwicklung hat mit der Sonderinitiative „EINEWELT ohne Hunger" international Führung übernommen. Rund ein Fünftel seines Haushalts fließt in diesen Bereich.

Insbesondere die Kirchen weiß ich beim Kampf gegen den Hunger an unserer Seite. Wann immer ich auf Reisen bin, erlebe ich: Die Kirchen sind bereits da, um zu helfen. Meist tief verwurzelt in der lokalen Bevölkerung und oft auch da, wo staatliche Entwicklungspolitik noch nicht oder nicht mehr

arbeiten kann. Ich schätze deshalb auch das Engagement von Erzbischof Ludwig Schick gegen den Hunger in der Welt.

Als Christen setzen wir uns gemeinsam ein für ein Leben in Würde für jeden Menschen. Und das Recht auf Nahrung ist das wohl existenziellste Menschenrecht. Wir müssen alles dafür tun, was in unserer Macht und in unserer Verantwortung steht.

DR. GERD MÜLLER

Seit 2013 Bundesminister für wirtschaftliche Zusammenarbeit und Entwicklung. Von 2005 bis 2013: Parlamentarischer Staatssekretär beim Bundesminister für Ernährung, Landwirtschaft und Verbraucherschutz, u. a. zuständig für Internationale Beziehungen, Entwicklungsprojekte, Welternährung.

2.2

Das Potenzial kleinbäuerlicher Landwirtschaft

von Pirmin Spiegel

ENT.

Bauern stark machen

Durch Agrarökologie bäuerliche Potenziale fördern

Klein- bzw. bäuerliche Landwirtschaft hat das Potenzial, Ernährungssicherheit zu verbessern, Armut zu reduzieren und die Anfälligkeit der Menschen gegenüber Krisen nachhaltig zu vermindern. Sie kann damit einen wesentlichen Beitrag zur Erfüllung der globalen Nachhaltigkeitsziele leisten. Doch trotz des Versprechens der internationalen Gemeinschaft im Rahmen dieser Ziele „niemanden zurückzulassen", wird gerade das Potenzial bäuerlicher Landwirtschaft weder ausreichend gewürdigt noch gefördert. Stattdessen stehen Bäuerinnen und Bauern einer Vielzahl unterschiedlichster Probleme und Hemmnisse gegenüber, die bis heute bei ihrer Förderung kaum berücksichtigt werden.

Information:

Was heißt (klein-)bäuerliche Landwirtschaft?

Bäuerliche oder kleinbäuerliche Landwirtschaft bezieht sich auf eine Bandbreite von Charakteristika: In der Regel bewirtschaften die bäuerlichen Betriebe kleine Flächen; ihre Anbaupalette ist meist breit und vielfältig mit einer Mischung aus Produkten für die Eigenversorgung und für den Markt. Sie verfügen häufig über eine geringe betriebliche Ausstattung an Land, haben kaum Kapital, nutzen wenig Maschinen sowie hofeigene Betriebsmittel und greifen vornehmlich auf familiäre Arbeitskraft zurück. Weil die Landwirtschaft in vielen Kontexten zur Existenzsicherung nicht ausreicht, verfolgen die Betriebe eine Strategie der Diversifizierung von Einkommensquellen, indem Teile der Familie anderen Erwerbsquellen nachgehen und/oder als Migranten für Transfereinkommen sorgen. Die starke soziale Differenzierung bäuerlicher Betriebe in ländlichen Regionen wird häufig unterschätzt.

Etwa 3,37 Milliarden Menschen wohnen weltweit in ländlichen Gebieten. Zwei Drittel von ihnen, vor allem in Afrika, Asien und Lateinamerika, leben hauptsächlich von der (klein-) bäuerlichen Landwirtschaft. Ihre Betriebe produzieren auf kleinsten Flächen mehr als 75 Prozent aller unverarbeiteten Lebensmittel und mehr als die Hälfte der wichtigsten Grundnahrungsmittel weltweit. In Sub-Sahara Afrika, Südasien und Südostasien sowie in China versorgen Bäuerinnen und Bauern nicht nur die Einheimischen, sondern die Menschen weltweit mit landwirtschaftlichen Grundnahrungsmitteln. So werden 82,3 Prozent des weltweiten Bedarfs an Reis in bäuerlichen Betrieben angebaut, 59,6 Prozent Maniok und 58,9 Prozent Hirse. Auch ist ihr Anteil an der weltweiten Produktion von Erdnüssen (75,3 %), Ölpalmen (74,1 %), Zuckerrohr (46,4 %) oder Baumwolle (42,8 %) für den globalen Markt beträchtlich. In welchem Maße sie dieses Potenzial auch in Zukunft behaupten und ausbauen können, muss in Anbetracht zahlreicher Herausforderungen und Trends betrachtet werden.

Bauern ohne Land

Seit Beginn des Jahrtausends hat weltweit verstärkt ein Wettlauf um Land begonnen. Bis April 2016 ging fast die Hälfte aller gekauften Flächen an staatliche und private Akteure aus Malaysia, den USA, Großbritannien, Singapur, Saudi Arabien und den Niederlanden. Die Top fünf Länder, betroffen von großflächigen Landkäufen, sind Indonesien, die Ukraine, Russland, Papua-Neuguinea und Brasilien. Allein in Afrika wurden rund 10 Mio. Hektar Land – fast ein Drittel der Fläche Deutschlands – an Investoren verkauft oder in Form von Pachtverträgen übereignet. Darunter vor allem Käufer aus Singapur oder Indien. Es gibt jedoch keine Beweise für die oftmals angenommene massive Landnahme durch chinesische Investoren in Afrika. China verfügt zwar über ein langjähriges und komplexes Engagement in der afrikanischen Landwirtschaft, dieses wird jedoch häufig überschätzt. Tatsächlich zeigen die Daten, dass die meisten chinesischen Investoren in Afrika Einzelbauern sind, die in eher kleinem Umfang tätig sind und hauptsächlich

Nahrungsmittel für den inländischen Markt anbauen. In Lateinamerika wurden insbesondere die fruchtbaren Tieflandflächen für den Sojaanbau, aber auch für Mais, Eukalyptus und andere Kulturen aufgekauft. Bis heute bleiben die erhofften Beschäftigungseffekte dieser neuen Strategie jedoch gering. Auch die Einkommen für bäuerliche Familienbetriebe als „Vertragspartner" der Agrarkonzerne blieben hinter den Erwartungen zurück.

Deutlich spürbarer sind dagegen bereits negative Folgen dieser Entwicklung: so wird die bäuerliche Bevölkerung zunehmend von ihrem Land verdrängt oder zwangsvertrieben. Mit dem Verkauf oder der Verpachtung ihres Landes gehen nicht nur gemeinschaftliche Güter wie Wald- und Weideflächen, Wasser- und Durchgangsrechte, sondern auch kulturell bedeutsame Orte wie z. B. Friedhöfe verloren. Es kommt damit zur räumlichen und spirituellen Entwurzelung ganzer Familien und Gemeinschaften. Man rechnet in Zukunft mit einer Zunahme der landlosen ländlichen Bevölkerung. Auch steigende Ernährungsunsicherheit und Verarmung sind zu befürchten.

Stürme, Dürren und unfruchtbare Böden

Der Klimawandel macht sich weltweit immer stärker bemerkbar und stellt auch die Landwirtschaft vor immense Herausforderungen. Regenzeiten verkürzen sich, setzen früher oder später ein. Es kommt zu Starkregen oder Trockenperioden sowie Dürren und Überflutungen, die mit unsicheren Erträgen und Ernteeinbußen einhergehen. Diesen Herausforderungen sind Bauern im Süden wie im Norden ausgesetzt.

Als Folge des Temperaturanstiegs erwarten Forscher bei der Maisproduktion im südlichen Afrika bis Ende dieses Jahrhunderts einen Rückgang um 30 Prozent, für Sambia sogar um 40 Prozent. Im Fall von Südostasien könnte sich sogar ein völlig neues „Klimaregime" etablieren, das die Reiserträge in Ländern wie Indonesien oder den Philippinen um bis zu 50 Prozent verringern könnte. Hinzu kommt die Verschlechterung von Böden (Degradation) durch Regen, Wind oder Schadstoffeinträge sowie ihr Abtrag durch Bergbau, Versiegelung (Straßen, Bebauung etc.) oder die Verdichtung durch schweres Gerät. Weltweit gehen derart jedes Jahr 24 Mrd. Tonnen an fruchtbarem Boden verloren. Während dem Erhalt der Bodenfruchtbarkeit und der natürlichen Ressourcen damit immer mehr an Bedeutung zukommt, nimmt die Ertragsunsicherheit durch den Klimawandel zu. Die Landwirtschaft wird so zu einer Betroffenen des Klimawandels – und ist zugleich mit den vielerorts betriebenen großflächigen und intensiven Anbau- und Produktionmethoden selbst Treiberin des Klimawandels.

Konkurrenzdruck und erschwerter Marktzugang

Bis zur Mitte dieses Jahrhunderts wird die Bevölkerung des Planeten voraussichtlich auf mehr als 9 Mrd. Menschen anwachsen. Mit dem Bevölkerungswachstum schreitet auch die Urbanisierung rapide voran: Weltweit wohnte im Jahr 2017 bereits 50 Prozent der Bevölkerung in Städten. Bis 2050 schätzt man den Anteil auf 75 Prozent. Afrika gilt als der Kontinent mit der schnellsten Entwicklung; dort soll sich die städtische Bevölkerung innerhalb der nächsten 25 Jahre nahezu verdoppeln. Gleichzeitig wächst die Bevölkerung in Afrikas ländlichen Räumen weiter an. In Lateinamerika und Asien hingegen schrumpft die Landbevölkerung, immer mehr Menschen zieht es in die Städte: zum Studium, weil junge Familien eine bessere Chance für sich und ihre Kinder suchen oder weil sie nicht mehr unter den gleichen schwierigen Bedingungen arbeiten möchten wie die Generationen vor ihnen.

Diese Entwicklungen rufen neue Verteilungsfragen hervor; zwischen Alten und Jungen, Hochschulabsolventen und ungelernten Arbeitskräften, zwischen Saisonarbeitern und immobilen Menschen. Es braucht in Zukunft für die Bewohner der Stadt wie auf dem Land ökonomische Perspektiven auf Einkommen und Beschäftigung sowie eine Verbesserung der Lebensbedingungen insgesamt. Dazu zählt vor allem die Chance für Bauern, die eigenen Produkte besser und vielfältiger vermarkten zu können.

Der Zugang zu Märkten ist für bäuerliche Betriebe nicht immer einfach, vor allem, wenn diese in abgelegenen ländlichen Regionen leben. Neben hohen Transportkosten aufgrund von schlechten Verkehrswegen stellt die Einhaltung von vereinbarten Mengen gleichbleibender Qualität zu festgelegten Zeitpunkten eine große Herausforderung dar. Saisonaler Preisverfall, lokale Handelskartelle, fehlende Lagerkapazitäten und akuter Finanzbedarf wie das aufzubringende Schulgeld für die Kinder zwingen Bäuerinnen und Bauern häufig zum Verkauf ihrer Agrarprodukte, auch wenn der Preis unter den Produktionskosten liegt.

Hinzu kommt, dass bäuerliche Produzenten stark schwankenden Preisen und der massiven Konkurrenz subventionierter Landwirtschaft aus dem globalen Norden ausgesetzt sind. Zahlreiche Freihandelsabkommen öffnen die heimischen Märkte der Bauern für landwirtschaftliche Rohprodukte sowie für industriell hergestellte Lebensmittel. In allen Kontinenten erfahren Bäuerinnen und Bauern in Folge der Liberalisierungspolitik des Agrarmarktes der letzten 30 Jahre zunehmenden Konkurrenzdruck. Auch EU-Agrarexportsubventionen haben zu dieser Entwicklung beigetragen. In Lateinamerika stellen Supermärkte im Vergleich zu herkömmlichen Vertriebswegen heute einen durchschnittlichen Marktanteil von knapp 50 Prozent. Und auch wenn dieser beispielsweise auf dem afrikanischen Kontinent bisher bei nur etwa fünf Prozent des Einzelhandelsvolumens liegt, erobern Supermärkte auch dort mit einem großen Angebot importierter Lebensmittel die Märkte. Aufgrund der hohen Standards fällt es bäuerlichen Betrieben schwer, ihre Waren dort zu platzieren.

Unangepasste Agrarforschung und -beratung

Bis heute fehlt es in vielen Ländern des globalen Südens an ländlichen Diensten wie Agrarberatung, Ausstattungsfonds oder Finanz- und Veterinärdiensten. Wo sie vorhanden sind, sind sie wenig an die Bedürfnisse der Bauernfamilien angepasst. So haben sich zwar in vielen Ländern Mikrofinanzinstitutionen entwickelt, ihre Kredite haben sich aber als für die Landwirtschaft zu teuer erwiesen.

Immer wieder wird behauptet, dass Infrastruktur und Technologien bäuerlichen Betrieben unabhängig von ihrer Größe gleichermaßen nützen würden. Tatsächlich aber profitieren Kleinbauern nur wenig von der einheimischen und internationalen

RSZ

Agrarforschung, da die entwickelten Technologien häufig weder erschwinglich noch an die Ressourcenausstattung der Kleinbauern angepasst sind und sich meist nur ab einer Mindest-Anbaufläche rechnen.

Zudem fließt in einer Reihe afrikanischer Länder ein Großteil der Agrarhaushalte ausschließlich in die Finanzierung subventionierten Düngers. In vielen Gebieten fehlt es an ländlichem Wegebau, um bäuerliche Produzentinnen und Produzenten den Marktzugang zu erleichtern. Auch das Internet, Smartphones oder andere digitale Medien, die die Bauern deutlich einfacher mit Informationen zu Marktentwicklungen und Preisen versorgen könnten, stehen vor allem in Afrika noch zu selten zur Verfügung. Deutlich wird: Es braucht ganzheitliche Ansätze, die kontextgerecht und passgenau an den Möglichkeiten der bäuerlichen Familien ansetzen.

Bauern brauchen Begegnung auf Augenhöhe

Bäuerliche Familienbetriebe sind das Herzstück der Landwirtschaft in weiten Teilen des globalen Südens. Auch in Zukunft bleiben sie für die Sicherung von Einkommen und Beschäftigung sowie zur Überwindung der Armut der Menschen auf dem Land entscheidend. Vor allem, weil es in den meisten agrarbasierten Ökonomien des globalen Südens in absehbarer Zeit kaum Alternativen in anderen Sektoren geben wird. Die aufgezeigten Trends sind dabei keine natürlichen Entwicklungen, sondern sie sind politischen Entscheidungen in Nationalstaaten sowie den wirtschaftlichen Erwägungen finanzkräftiger Akteure der

Information:

Bäuerliches Potenzial über Agrarökologie fördern

Dass die bäuerliche Landwirtschaft weltweit ein beträchtliches Entwicklungspotenzial hat, wurde bereits in zahlreichen Studien belegt. Auch die praktischen Erfahrungen von Misereor-Partnerorganisationen in den letzten Jahrzehnten zeigen, dass eine intensivere Bewirtschaftung unter Einsatz hofeigener Betriebsmittel, mittels boden- und wasserkonservierender Maßnahmen und der Integration von Tierhaltung und Agrar- bzw. Forstwirtschaft oftmals erhebliche Ertragssteigerungen erzielt. Der jeweilige Mix von standortgerechten Maßnahmen baut bei einem solchen Ansatz auf traditionellem Wissen auf, sucht nach angepassten Lösungen für die konkreten Probleme und Hemmnisse der Bauern und unterstützt sie darin, ihre Anbausysteme eigenständig und innovativ weiterzuentwickeln. In einer von Misereor beauftragten Studie in Uganda wurden ökologisch wirtschaftende Kleinbauern, die dem beschriebenen Ansatz folgen, sowie auf den Teeanbau spezialisierte Kleinbauern untersucht. Bei vergleichbaren Betriebsvoraussetzungen konnten die „Ökobetriebe" im Vergleich zu den anderen Gruppen ihre Gesamteinkommen deutlich steigern. Dabei schnitten insbesondere die ärmsten Einkommensgruppen überproportional gut ab. Auch die Ernährung war bei den Ökobetrieben am besten gesichert. Ähnliche positive Ergebnisse wurden in Brasilien, Indien und im Senegal erzielt.

internationalen Agrar- und Ernährungswirtschaft geschuldet. Verdrängungsprozesse der ärmsten und verletzlichsten Bevölkerungsteile von ihrem Land und ihren Märkten, die Zunahme von Landlosigkeit und steigende Ernährungsunsicherheit werden dabei in Kauf genommen.

Auch das Unterlassen von auf Bäuerinnen und Bauern zugeschnittenen Maßnahmen wie die Förderung agrarökologischer Anbaumethoden, die das Auskommen nachweislich verbessern, die Umwelt schützen und widerstandsfähiger gegen die Folgen des Klimawandels machen würden, muss als politisches Versagen auf nationaler, bilateraler und internationaler Ebene benannt werden. Vor diesem Hintergrund organisieren sich Bäuerinnen und Bauern weltweit zunehmend im Widerstand gegen die ihnen aufgezwungenen „Entwicklungsmodelle“. Sie fordern die Ernährungssouveränität ihrer Länder und eine Agrar- und Förderpolitik, die es ihnen erlaubt, ihr Land und ihre Ressourcen nachhaltig zu bewirtschaften. Misereor unterstützt sie dabei.

Voraussetzungen für nachhaltige ländliche Entwicklung:

1. Bäuerinnen und Bauern brauchen den gerechten und gesicherten Zugang zu Land, Wasser und Saatgut. Das Menschenrecht auf Nahrung sollte nicht nur oberste Priorität haben, um benachteiligten Gruppen beispielsweise über Landreformen Zugang zu produktiven Ressourcen zu gewährleisten. Es sollte auch Priorität haben, um Entwicklungsprozesse zu fördern, die auf dem Potenzial, Wissen und der Innovationskraft der betroffenen Menschen sowie auf der Wertschätzung ihrer Ressour-

cen aufbauen. Auch die internationale Handelspolitik muss im Hinblick auf das Recht auf Nahrung korrigiert werden, um armutsverschärfende Wirkungen zu vermeiden. Den Ländern im globalen Süden sollte die Möglichkeit zugestanden werden, ihren eigenen Wirtschaftsraum zu schützen, ähnlich wie dies die EU über vier Jahrzehnte getan hat. Notwendig ist hierzu auch eine europäische Politik, die auf Verzerrungen der Weltmarktpreise durch die gemeinsame Agrarpolitik (GAP) verzichtet.

2. Bäuerinnen und Bauern benötigen bessere Beratung, lokale Verarbeitung, faire Preise, lokale und regionale Vermarktungsmöglichkeiten sowie „Investitionen in die Armgemachten". Letzteres umfasst u. a. Kleinbewässerung, Wiederaufforstung, kostengünstige Lagerstätten und Innovationen, die an die vorhandenen Kapazitäten angepasst sind und insbesondere der Arbeitserleichterung dienen; all dies kann zur Steigerung der Attraktivität der Landwirtschaft für junge Menschen beitragen. Zur Stärkung der Position von Bauern auf den Märkten gilt es, ihre Selbstorganisation z. B. über den Aufbau von Erzeugergemeinschaften zu fördern. Kommunale Entwicklungsträger sollten sie in der Etablierung „eigener Vermarktungsräume" unterstützen. Produktionssysteme sollten letztlich so gestaltet werden können, dass sie die Unabhängigkeit der Bauern vom Handel ermöglichen, um diesen auf Augenhöhe zu begegnen und sie die Verarbeitung selbst kontrollieren zu lassen.
3. Ansätze wie die agrarökologische Landwirtschaft sollten in ihren Potenzialen für die bäuerliche Landwirtschaft wertgeschätzt, anerkannt und stärker gefördert werden. Sie erlau-

ben es bäuerlichen Betrieben, ihre Produktion angepasst an vorhandene Produktionssysteme und aufbauend auf lokalem Wissen nachhaltig zu gestalten und zu optimieren, ihre Ernährung abzusichern sowie ihre Einkommen mittels Diversifizierung krisenfester zu machen. Die Erfahrungen agrarökologischer Märkte in Ecuador zeigen, dass Wochenmärkte, bieten sie eine Vielfalt an Produkten an, für die Erzeugerinnen und Erzeuger ein konstantes Einkommen ermöglichen, und Preise über längere Zeiträume auf dem Niveau konventionell produzierter Erzeugnisse möglich sind. Darüber hinaus fördert die Agrarökologie einen verantwortungsvollen Umgang mit natürlichen Ressourcen, die Kreativität und die eigene Innovationsfähigkeit der Menschen sowie ein sozial gerechtes Miteinander auf den Märkten.

Schließlich gilt es neben den ökonomischen Perspektiven in ländlichen Räumen diese auch als soziale Räume anzuerkennen und zu fördern, weil in ihnen Gemeinschaft, Kultur und Solidarität gelebt werden. Nur so bleibt und wird es für junge Bäuerinnen und Bauern attraktiv, ihren Lebensunterhalt in der Landwirtschaft zu bestreiten. Es braucht einen dialogischen Ansatz im Umgang mit Bäuerinnen und Bauern im Süden wie im Norden. So wird nicht nur „gutes Essen“ für alle möglich, sondern auch der Schutz einer zunehmend bedrohten kulturellen und biologischen Vielfalt.

Quellen: https://landmatrix.org; http://news.mit.edu; www.imf.org; www.misereor.org; Bachmann, Lorenz (2014): Innovation Transfer into Agriculture – Adaptation to Climate Change (ITAACC), Eschborn; Pretty, Hine (2001): Reducing Food Poverty with Sustainable Agriculture.

Rückblick:

Entwicklung der Landwirtschaft global

Historisch hat sich die Landwirtschaft in Afrika, Asien und Lateinamerika unterschiedlich entwickelt. So erlebten weite Teile Lateinamerikas ab den 1970er Jahren einen drastischen Strukturwandel auf dem Land, im Zuge dessen sich die großflächige Landwirtschaft als dominantes Modell durchgesetzt hat. Dieser Prozess ging mit der Erschließung großer Flächen für die Landwirtschaft und enormem wirtschaftlichem Wachstum einher. Gleichzeitig waren massive soziale Verwerfungen die Folge; beispielweise kommt es bis heute in Brasilien zu massiven Konflikten um den Zugang zu Land und Wasser, zu Auseinandersetzungen um den Erhalt bäuerlichen Saatguts und zu Vertreibungen vor allem durch Plantagenbetreiber, die besonders auf den Anbau von Monokulturen für den Export wie Soja oder Zuckerrohr unter Einsatz großer Maschinen und modernster Agrartechnologie setzen.

In einigen Teilen Asiens wie in China, Südkorea und Taiwan vollzog sich der ländliche Strukturwandel nach dem zweiten Weltkrieg unter Einbezug der Mehrheit der ländlichen Produzentinnen und Produzenten. Hierfür setzte man auf Agrarreformen mit der Umverteilung von Land und die „Grüne Revolution", also Hochleistungssorten wie Weizen und Reis im Paket mit Mineraldünger und Pestiziden. Staatliche Institutionen stellten zentrale Dienste wie Agrarberatung, Kredite und die Versorgung mit Betriebsmitteln wie Futter, Saatgut oder Pflanzenschutzmittel bereit. Bis heute gilt ihre Unterstützung als wichtige Voraussetzung für die erfolgreiche Umsetzung einer inklusiven landwirtschaftlichen Entwicklung. Mittels dieses Modells gelang es in den genannten Ländern, Ertragssteigerungen in der kleinbäuerlichen Landwirtschaft zu erreichen und die Industrialisierung der Länder in Gang zu setzen.

In Sub-Sahara Afrika ist die Landwirtschaft bis heute vornehmlich kleinbäuerlich strukturiert. Die FAO (Ernährungs- und Landwirtschaftsorganisation der Vereinten Nationen) schätzt die Zahl der kleinbäuerlichen Betriebe auf rund 33 Millionen; sie stellen damit ca. 80 Prozent aller landwirtschaftlichen Betriebe in Afrika. Weil der Anteil ihrer Produktion für den familiären Eigenkonsum hoch ist, werden sie meist als Subsistenzbauern bezeichnet. Dabei wird verkannt, dass viele von ihnen für den Markt produzieren – nicht zuletzt einen beträchtlichen Anteil an der Exportproduktion von Tee, Kaffee, Kakao, oder Baumwolle. In den vergangenen Jahrzehnten wurden bereits zahlreiche Versuche unternommen, die afrikanische Landwirtschaft zu modernisieren, sie sind jedoch weitgehend gescheitert. Seit Beginn des 21. Jahrhunderts setzen in Sub-Sahara Afrika daher viele Regierungen auf großflächige industrialisierte Landwirtschaft sowie auf ausländische Direktinvestitionen und kapitalkräftige Eliten.

PIRMIN SPIEGEL

Priester, Studium der Philosophie und Theologie. Seit 2012 Hauptgeschäftsführer und Vorstandsvorsitzender von MISEREOR, dem Werk für Entwicklungszusammenarbeit der katholischen Kirche in Deutschland. Von 1990 bis 2003 als Missionar in Brasilien tätig, wo er u. a. eine Familienlandwirtschaftsschule gründete. 2010 kehrte er nach Brasilien zurück, um in verschiedenen Ländern Lateinamerikas in der Ausbildung und Begleitung von Laienmissionaren zu arbeiten.

Erfahrungen und Projekte

3.1

Das Feld des Priesters im Senegal

von André Guèye

Senegal

Staat in Westafrika, von den Ausläufern der Sahara im Norden bis an den Beginn des tropischen Feuchtwaldes im Süden.

Die Abhängigkeit von wenigen Exportgütern wie Erdnüssen, Phosphaten und Fisch, rasches Bevölkerungswachstum und Staatsverschuldung führten ab den 1980er Jahren im vormals wohlhabenden Senegal zu Verarmung und wachsenden sozialen Spannungen, zu denen seit 1982 auch die Abspaltungsbestrebungen der Casamance kamen. In der Folge machte sich Senegal abhängig von Krediten der Industrie- und Erdölländer sowie von Entwicklungshilfe. Die wirtschaftliche Erholung geht allmählich vonstatten.

44 % der Bevölkerung sind Analphabethen, 58 % sind unter 20 Jahre alt. Die Bevölkerungszahl hat sich in den letzten 20 Jahren mehr als verdoppelt. Für das Jahr 2050 wird laut der mittleren Bevölkerungsprognose der UN mit einer Bevölkerung von ca. 34 Millionen gerechnet.

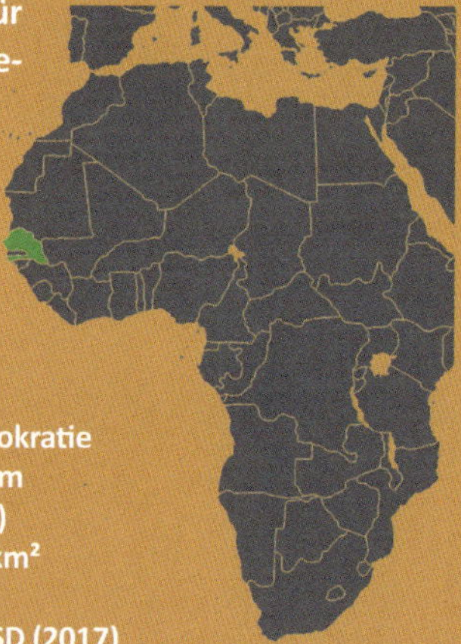

Hauptstadt	Dakar
Amtssprache	Französisch
Staatsform	Republik
Regierungssystem	Präsidentielle Demokratie Mehrparteiensystem
Einwohnerzahl	ca. 15,4 Mio. (2018)
Bevölkerungsdichte	70 Einwohner pro km^2
Bevölkerungsentwicklung	+2,42 % pro Jahr
Bruttoinlandsprodukt	Total 16,46 Mrd. USD (2017)
BIP / Einw.	Nominal 1.038 USD
Religion	90 % Muslime

Für eine Zukunft in der eigenen Heimat

Familien- und Gemeinschaftsprojekte bringen vor allem Jugendliche in Arbeit und fördern die Selbstversorgung

Seit dem Jahr 2007 besteht offiziell eine Partnerschaft zwischen der Diözese Thiès im Senegal und der Erzdiözese Bamberg in Deutschland. Die Beziehungen zwischen den beiden Bistümern reichen aber schon bis in die Mitte des vergangenen Jahrhunderts, als der Senegal seine Unabhängigkeit noch nicht erlangt hatte.

Hier, in der Diözese Thiès, haben wir bereits eine große Unterstützung von der Stiftung „Brot für alle Menschen“ für ein Landwirtschaftsprojekt bekommen. Ich selbst kenne die Stiftung von ihrem Gründer Erzbischof Ludwig Schick, der mir diese während einer seiner Reisen in unsere Diözese Thiès persönlich vorstellte.

Beim Anblick der großen Trockenheit und des darben Bodens war Erzbischof Schick sehr verwundert, wie die Menschen trotz dieser widrigen Umstände von der Landwirtschaft leben können. Wir schilderten ihm die schwierige Situation, wie der Erfolg der Mühsal so oft vom Zufall abhängt, insbesondere von der Regenzeit. Eine zufriedenstellende Ernte gibt es nur bei einer ausreichenden Regenmenge, die zudem gleichmäßig verteilt während der dreimonatigen Regenzeit niederfällt. In dieser Periode darf es außerdem keine zu häufigen niederschlagsfreien Zeiten geben. Doch der Regen ist nur eines der Probleme, mit denen die Landwirtschaft zu kämpfen hat: In unserer Gegend vernichten immer wieder Insektenschwärme die Ernten vorzeitig, oder wilde Tiere zertrampeln die Felder und fressen sich an den Früchten satt.

Die Regierung im Senegal bemüht sich, Unterstützungsprogramme für die Landwirtschaft anzubieten, die das Leben der Bauern erleichtern. So gewährt sie beispielsweise günstige Kredite, bietet Verkaufsmöglichkeiten für die Kleinbauern an oder vereinfacht ihnen den Zugang zu Düngemitteln und Maschinen. Leider hat aber nicht jeder die Möglichkeit, von diesen Programmen zu profitieren.

Unsere Diözese Thiès ist überwiegend ländlich geprägt. Viele Dörfer leiden unter einer ausgeprägten Landflucht, da es nicht genug Wasser gibt, um Landwirtschaft zu betreiben. Deshalb findet man viele Jugendliche und junge Erwachsene, die ursprünglich aus den ländlichen Regionen und Dörfern stammen, auf den Straßen der größeren Städte im Land – ohne Arbeit, ohne Geld, ohne Zukunft. Diese Perspektivlosigkeit animiert natürlich auch zur dauerhaften Landflucht oder darüber hinaus sogar zur Flucht in andere Länder. Hierin liegt einer der Hauptgründe für die Migration.

Ein anderes Phänomen, mit dem wir auf dem Land konfrontiert sind, ist der Verkauf von Grundstücken zu Schleuderpreisen, meist an sehr reiche Senegalesen oder ausländische Investoren, die nicht unbedingt an landwirtschaftlichen Aktivitäten interessiert sind. Damit verringert sich die für die Landwirtschaft und damit für den Anbau von Nahrungsmitteln nutzbare Fläche zunehmend.

Chancen auf Arbeit

Die Diözese Thiès hat all diese Probleme erkannt und richtet daher ihr Hauptaugenmerk auf die Landwirtschaft. Wir wollen nicht nur die Selbstversorgung fördern, sondern vor allem auch die Ärmsten der Armen unterstützen. Insbesondere den Jugendlichen vor Ort möchten wir Chancen auf Arbeit bieten. Dies schaffen wir mit der Realisierung von kleinen Familien- oder Gemeinschaftsprojekten und durch die Bewirtschaftung der Ländereien der Diözese. Damit ist die Kirche ein bestimmender Akteur in der Entwicklung der Region. Eine wichtige Voraussetzung hierfür ist der Zugang zu Wasser für landwirtschaftliche Zwecke.

Unser landwirtschaftliches Projekt in der Diözese Thiès heißt „Niaye Labé“, zu Deutsch „das Feld des Priesters“. Es befindet sich in einer sehr armen Zone der Diözese Thiès, in der Gemeinde Mont-Rolland, und wird von der Caritas Thiès und dem

Partnerschaftskomitee Thiès-Bamberg verwaltet. Die Diözese ist Eigentümerin von 20 Hektar Land, davon wurden in der ersten Projektphase 13 Hektar den Ärmsten der Armen zur Bewirtschaftung zur Verfügung gestellt und die übrigen sieben Hektar wurden zunächst eingezäunt. Diese werden seit 2017 für weitere landwirtschaftliche Projekte vorbereitet. Dafür hat die Diözese Thiès von der Stiftung „Brot für alle Menschen“ große finanzielle Unterstützung bekommen. Zur Sicherung der Bewirtschaftung und zum Schutz der Ernten wurde eine umfangreiche Einzäunung von insgesamt 1.637 Metern Länge angelegt. Mitten durch das Areal führt jedoch eine Straße, die die Bewohner des dahinterliegenden Dorfes Kemaye für ihren direkten Weg nach Hause nutzen. Damit musste die Gesamtfläche geteilt werden, ein Teil ist 1.025 Meter und der andere 612 Meter groß. Im Jahr 2018 konnten wir leider nichts ernten, da es fast nicht geregnet hatte.

Wasser für die Felder

Der Beginn der zweiten Projektphase erfolgt im Sommer 2019 mit der Bohrung und Installation eines Tiefbrunnens. Um auf Grundwasser zu stoßen, muss die Bohrung mindestens 300 Meter tief sein. Finanzielle Unterstützung für den Bau des Brunnens haben wir von den Stiftungen „Brot für alle Menschen“ und „Johannes Paul II für Sahel“ bekommen. Zusätzlich zum Anbau von Gemüse und Obstbäumen möchten wir auch eine Viehzucht einrichten.

Besonders reizvoll an diesem Projekt ist die Aussicht, dass wir mit den erwirtschafteten Ernten und den tierischen Erzeugnisse u. a. auch die Versorgung des Diözesankrankenhauses Saint

Jean de Dieu sicherstellen können. Ebenso können wir damit Arbeitsplätze für Jugendliche, junge Erwachsene und Frauen schaffen. Die Familien in der Umgebung werden zudem von dem Wasser des Brunnens für ihren eigenen Garten profitieren. Somit kann langfristig die Lebensqualität der Bewohner der umliegenden Dörfer ansteigen.

Das Vorhaben beinhaltet übrigens noch einen weiteren, für unsere Region sehr wichtigen, sozialen Aspekt, denn das genannte Areal befindet sich inmitten eines muslimischen Gebietes. Natürlich sehen wir uns mit zahlreichen Vorurteilen von einigen Muslimen konfrontiert, die befürchten, dass unsere Unterstützung ein Mittel zur Evangelisierung der Region sei. Deshalb mussten wir uns sehr bemühen, ihr Vertrauen zu gewinnen. Mittlerweile haben sie aber verstanden, dass wir als Christen allen Menschen ohne Unterscheidung helfen und ganz besonders den Dialog zwischen Muslimen und Christen fördern möchten. So bereitete unser Vorhaben auch einen guten Boden für den interreligiösen Dialog.

Selbstverständlich dürfen die hiesigen Muslime auch an dem „Feld des Priesters" teilhaben, insbesondere natürlich die Jugendlichen, wenn sie möchten. Diese sozialen Bemühungen in Mont-Rolland haben den Beginn des Projektes hinaus gezögert, aber sie waren für eine erfolgreiche Umsetzung des Vorhabens unerlässlich.

Das Projekt „Niaye Labé" der Diözese Thiès hat bereits ganz viele Hoffnungen geweckt, vor allem auch bei Jugendlichen. Ich bin davon überzeugt, dass es uns damit gelingen kann, den Menschen hier vor Ort wieder eine Zukunftsperspektive in ihrer eigenen Heimat zu geben.

Gruß aus Senegal:

Das Grundverständnis der Stiftung „Brot für alle Menschen" basiert auf dem Evangelium, insbesondere auf dem Auftrag Christi an die zwölf Apostel: „Gebt ihr ihnen zu essen!" Diese Barmherzigkeit Gottes möchte Erzbischof Ludwig Schick für die Ärmsten auf der ganzen Welt in die Realität umsetzen. Ich selbst bin davon überzeugt, dass die Stiftung auf zwei Säulen steht: die Solidarität gegenüber den Ärmsten und das Teilen der Güter der Erde, die laut der Katholischen Soziallehre allen Menschen gehören. Dies ist eine Sprache, die die Menschen heutzutage besser verstehen, als die großen, abstrakten und leeren Reden.

Persönlich bin ich der Stiftung „Brot für alle Menschen" und natürlich dem Erzbischof selbst sehr dankbar für die große finanzielle Unterstützung. Als Zeichen der kirchlichen Solidarität bedeutet diese mir und meiner Diözese sehr viel.

Es lebe die Stiftung „Brot für alle Menschen"! Alles Gute zum 10. Geburtstag der Stiftung „Brot für alle Menschen" und herzlichen Glückwunsch zum 70. Geburtstag, Herr Erzbischof! Gottes Segen und viel Kraft und Gesundheit für die kommenden Jahre und für die nächsten Herausforderungen.

BISCHOF ANDRÉ GUÈYE

Studierte Philosophie und Theologie (Rom), Priesterweihe 1992, zweites Philosophiestudium. Von 2006 bis 2012 Philosophiedozent im Priesterseminar Saint Jean-Marie Vianney de Brin in Ziguinchor. Danach Leiter des Priesterhauses in Thiès, ehe er am 25. Mai 2013 die Bischofsweihe empfing und zum dritten Bischof der Diözese Thiès ernannt wurde.

3.2

Eine Schule zur Selbsthilfe in Mosambik

von Heribert Müller

Mosambik

Staat in Südostafrika; nach jahrelangem Bürgerkrieg eines der ärmsten Länder der Welt. 2016 belegte es Platz 181 von 188 Ländern im Index der menschlichen Entwicklung. In den letzten Jahren erlebte das Land einen Aufschwung.

Die durchschnittliche Lebenserwartung bei der Geburt liegt bei 56,1 Jahren. 43 % der Bevölkerung sind unter 15 Jahre alt, 3 % über 65. Die zusammengefasste Fruchtbarkeitsziffer liegt bei 5,4 Kindern pro Frau. Das Land hat eine der höchsten HIV-Prävalenzen der Welt, was das Bevölkerungswachstum bremst.

Laut UNICEF gibt es 1,5 Mio. Waisen in Mosambik, (davon 470 000 Aidswaisen). Die Kinderarbeit ist aufgrund der Armut ein großes Problem, da viele Familien auf das Geld, das die Kinder verdienen, angewiesen sind. Nur 6 % der unter Fünfjährigen haben eine Geburtsurkunde, ohne die es aber keinen staatlichen Schutz gibt. So sind Millionen Kinder, die über kein Dokument verfügen, Missbrauch, Kinderarbeit, Zwangsverheiratung und dem Dienst an der Waffe ausgesetzt.

Hauptstadt	Maputo
Amtssprache	Portugiesisch
Staatsform	Republik
Regierungssystem	Präsidialsystem
Einwohnerzahl	ca. 29 Mio. (2017)
Bevölkerungsdichte	31 Einwohner pro km^2
Bevölkerungsentwicklung	+2,45 % pro Jahr (Schätzung 2016)
Bruttoinlandsprodukt	11,28 Mrd. USD (2016)
BIP / Einw.	1.215 USD
Religion	ca. 46 % Christen, ca. 18 % Muslime, ca. 7 % traditionelle Religionen

Selbsterzeugte Nahrungsmittel

Mit neuen Initiativen starten und mit Freude am Ackerbau eine neue Beziehung zum Land finden

In den vergangenen 10 Jahren ihres Bestehens hat sich die Stiftung „Brot für alle Menschen“ als Segen für zahlreiche Menschen erwiesen. Ich bin dankbar, darüber berichten zu dürfen, was die Stiftung „Brot für alle Menschen“ in meinem kleinen Wirkungsbereich schon getan hat. Persönlich habe ich schon während meiner Zeit in Simbabwe viel Gutes von der Stiftung erhalten. Zum Stiftungsjubiläum möchte ich aber einen kurzen Einblik in unsere aktuelle Projektarbeit in Mosambik geben.

Escola Secundária Inácio de Loyola

Im Jahr 2015 hat sich die Hilfe der Stiftung auch auf Mosambik ausgeweitet. Ich selbst bin seit Februar 2017 in einer Sekundarschule der Jesuiten in Mosambik tätig. Die Escola Secundária Inácio de Loyola (ESIL) befindet sich im Nordwesten des Landes, westlich des Malawisees, und wurde im Jahre 2015 gegründet. Die Schule hat mittlerweile 640 Schüler, von denen 230 in unserem Internat leben. Wir unterrichten die Klassen 8 bis 10 in der Mittelstufe, sowie 11 und 12 in der Oberstufe.

Unsere Schule hat eine starke landwirtschaftliche Komponente: jeder Schüler und jede Schülerin wird in die Grundlagen der Landwirtschaft eingeführt. Jede Woche haben die Schüler eine Doppelstunde Agrartheorie und am Nachmittag folgt die Praxis auf dem Feld. 24 Hektar Land stehen uns zur Verfügung, wovon 15 Hektar nach und nach gutes Ackerland werden. Von Anfang an wurde in der ESIL viel Wert auf landwirtschaftliche Schulung und Produktion gelegt. Wir bauen vor allem Mais, Bohnen und Kartoffeln an. Im großen Garten und Gewächshaus ziehen wir Salat, Knoblauch, Tomaten und Gemüse.

Die ganze Schule Ignatius von Loyola jubelte, als im letzten Jahr ein neuer Traktor auf die Mission fuhr. Unser junger, mosambikanischer Jesuit Domingos war ganz begeistert von dem neuen John Deere Traktor. Nach nur zwei Stunden Einführung ins Fahren, schnappte er sich das potente Gefährt und machte sich auf den Weg. Schon kurz darauf musste er einem Ast auf der Fahrbahn ausweichen. Er lenkte den schnell fahrenden Traktor zur rechten Seite, doch es gelang ihm nicht, ihn wieder auf den Weg zu bringen. Dabei überfuhr er einen kleinen Baum und nach einer abrupten Linkslenkung kippte der neue Traktor um. Ohje! Zum Glück war Domingos vorher abgesprungen und niemand wurde verletzt. Auch der Traktor kam glimpflich davon. Eines unserer größten Probleme hier in einem abgelegenen Winkel von Mosambik ist, dass wir keine technisch ausgebildeten Mitarbeiter haben. Aber auch das wird sich nach und nach ändern.

Auf Selbstversorgung ausgerichtet

Noch stehen wir am Anfang. Ich denke, wir haben gut begonnen und der von der Stiftung „Brot für alle Menschen" gespendete Traktor leistet unschätzbare Dienste. Eine erste Beurteilung fällt gut aus, weil den Schülern eine positive Erfahrung von Landwirtschaft vermittelt wird. Sie erhalten eine ganzheitliche Ausbildung, bei der auch Sport, Kultur und religiöse Aktivitäten nicht fehlen. Da mehr und mehr Nahrungsmittel vor Ort erzeugt werden und die Schüler dabei mithelfen, können wir die Kosten für das Internat sehr gering halten. Ein Internatsschüler bezahlt zur Zeit 1.350 Meticais pro Monat, das sind umgerechnet 20 Euro.

Mit dem neuen Traktor haben wir das Ziel der Selbstversorgung für die Schule endgültig erreicht: wir können jetzt unsere Internatsschüler ausschließlich mit dem Ertrag aus unserer Landwirtschaft ernähren. Jetzt planen wir eine gute Bewässerungsanlage und Ställe für Ziegen, Schweine, Hühner und Hasen, damit die Schüler nicht nur Mais und Bohnen zu essen bekommen, sondern sich auch ausreichend mit tierischem Eiweiß er-

nähren können. Auch für dieses Projekt hat uns die Stiftung bereits finanzielle Unterstützung in Aussicht gestellt.

Ein weiteres Projekt befindet sich schon in der Ausführung: Wir haben den Nsaladzi Fluss in der Nähe und über 10 Hektar Ackerland, das bewässert werden kann. Ohne Bewässerung kann es leider nur eine Ernte im Jahr geben. Der nächste Strommast steht noch über zwanzig Kilometer entfernt. Auch da möchte uns die Stiftung „Brot für alle Menschen" zur Seite stehen. Konkret heißt das, mit einer solarbetriebenen Pumpe am Fluss das Wasser durch ein zwei Kilometer langes Rohr in ein Reservoir zu pumpen, von woraus es dann in das Netzwerk der Bewässerung fließen kann.

Begeisterung für Ackerbau und Viehzucht

Hauptanliegen der Stiftung ist, die Menschen für den Ackerbau und die Viehzucht zu begeistern, um auf ökologischem Weg Nahrungsmittel zu erzeugen. Dieses Wissen ist sehr wichtig und wir wollen es in unserer Schule den Kindern vermitteln. Sie kommen aus armen Verhältnissen; die Eltern bebauen nur ein kleines Stück Feld, und oft ist nicht einmal das Nötigste vorhanden ist. Die Ernten sind mager, das nötige Know-how fehlt und die Böden sind ausgelaugt. Unsere Schüler, so hoffen wir, werden neue Initiativen starten und mit Freude am Ackerbau eine neue Beziehung zum Land finden.

Gruß aus Mosambik:

Unsere Freundschaft begann im Jahre 1980 in Rothemann, als ein junger Theologieprofessor aus Fulda namens Ludwig Schick regelmäßig bei uns im Dorf Gottesdienst feierte. Ich war damals noch Ministrant und half in der Sakristei. Dabei ergaben sich viele Gespräche und Begegnungen mit „unserem Kaplan“, die für meinen Weg ins Ordensleben sehr wichtig waren.

Seit seinem ersten Besuch in Simbabwe in 1989 war Erzbischof Ludwig Schick immer ein Freund und Förderer meiner Missionsarbeit in Simbabwe. Im selben Jahr, also schon lange vor der Gründung seiner Stiftung, war Monsignore Schick am Kauf eines Traktors für die Musami Mission in Simbabwe beteiligt. Später, während der großen Hungersnot in Simbabwe, durften viele ihn als Wohltäter erfahren. Wer weiß, vielleicht war die Lage in Simbabwe mit ein Anlass, die Stiftung in 2009 ins Leben zu rufen?

PATER HERIBERT FERNANDO MÜLLER SJ

Studierte Philosophie und Theologie, nahm 1987 seine Missionsarbeit in Simbabwe auf. Von 2006 bis 2014 leitete er die Makumbi-Mission in Simbabwe. Seit Februar 2017 ist er verantwortlich für die im Aufbau befindliche Sekundar-Schule Ignatius von Loyola (ESIL) in der Provinz Tete im Nordwesten von Mosambik.

Eine Agrarschule in Kamerun

von Philippe Alain Mbarga

Kamerun

Ehemalige deutsche Kolonie, liegt in Zentralafrika und ist geprägt von starkem Bevölkerungswachstum und hoher Arbeitslosigkeit.

Nur etwa die Hälfte der Bevölkerung hat Zugang zu elektrischer Versorgung.

Weit verbreitetes Problem ist die Korruption. 2016 war Kamerun auf Platz 31 auf der Weltrangliste der Korruption. Bei der Rangliste der Pressefreiheit 2017, welche von Reporter ohne Grenzen herausgegeben wird, belegte Kamerun Platz 130 von 180 Länderplätzen.

Laut der britischen Zeitschrift The Economist belegte Kamerun im Demokratieindex 2016 Platz 140 von 167 Länderplätzen und gehört damit zu den autoritär regierten Staaten. im englischsprachigen Süden des Landes gibt es immer wieder Autonomiebestrebungen für einen Staat Ambazonia, 2017 wurden sie durch die Armee gewaltvoll niedergeschlagen.

Hauptstadt	Yaoundé
Amtssprache	Französisch und Englisch
Staatsform	Republik
Regierungssystem	Präsidialsystem
Einwohnerzahl	ca. 25 Mio. (2017)
Bevölkerungsdichte	53 Einwohner pro km^2
Bevölkerungsentwicklung	+2,58 % pro Jahr
Bruttoinlandsprodukt	34 Mrd. USD (2017)
BIP / Einw.	1.401 USD
Religion	70 % christlich (bzw. 40 % kath.), 20 % muslimisch

Eine Bischofsweihe mit Nachwirkungen

Bei einem Besuch in Kamerun entwickelt Ludwig Schick die Idee einer landwirtschaftlichen Schule, um das Bewusstsein der natürlichen Ressourcen in der Bevölkerung zu wecken.

Ebolowa liegt im Süden Kameruns, ca. 170 Kilometer von der Hauptstadt Yaoundé entfernt. Das Bistum zählt ca. 250.000 Bewohner, knapp die Hälfte ist katholisch. Die Region ist fast so groß wie Libanon und stark von landwirtschaftlichen Strukturen geprägt.

Zur Schilderung unserer allgemeinen Situation möge der folgende Bericht über die Tage rund um meine Bischofsweihe im Dezember 2016 dienen, an denen zu meiner großen Freude

auch Erzbischof Ludwig Schick als Konsekrator teilnahm, begleitet von 16 weiteren deutschen Freunden, genannt die „Délégation Allemande".

Der Besuch aus Deutschland anlässlich meiner Bischofseinführung war mir eine besondere Ehre und so holten wir meine Freunde mit einem großen Autokorso vom Flughafen Yaoundé ab. Die Freude über seinen Besuch in Kamerun wurde für Ludwig Schick leider gleich zu Beginn des Besuches durch den Verlust seines Reisegepäcks etwas getrübt, das dann erst einige Tage später hier ankommen sollte. In seinem Handgepäck hatte er entgegen aller Empfehlungen statt Ersatzwäsche sein Gastgeschenk, einen wundervoll gefertigten kostbaren Kelch. Zur Weihe-Zeremonie konnten wir ihm zum Glück mit einer Mitra aus unserer Sakristei aushelfen. Dass ihm diese etwas zu groß war und sein Gesichtsfeld immer wieder durch Herabrutschen erheblich eingeschränkt wurde, nahm der dabei in Kauf.

In Kamerun sind wir gewohnt, unvorhergesehenen Ereignissen mit etwas Improvisation zu begegnen. So zwang uns dann auch während der Zeremonie ein plötzlich einsetzender heftiger Tropenregen dazu, die Feierlichkeiten zu unterbrechen, da das Ordinatorium unter einem äußerst undichten Palmendach nur unzureichend geschützt war. Anerkennend registrierten wir während des anschließenden Empfangs, dass Ludwig Schick den auf dem Buffet aufgetischten traditionellen Köstlichkeiten wie etwa Schlange und Madenspieße ohne Anzeichen von Furcht und Schrecken zusprach.

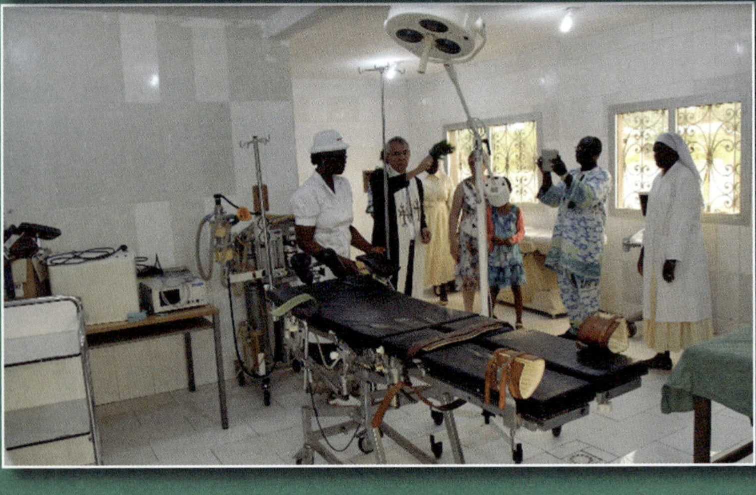

In den folgenden Tagen besichtigten wir gemeinsam meinen neuen Bischofssitz. Mit großem Interesse nutzte der Erzbischof die Begegnungen mit den Menschen hier vor Ort, um sich ein eigenes Bild über unsere Situation zu machen. Wo immer er auftauchte, wurde er gleich von Kindern umringt. Mit seiner Art, auf die Menschen zuzugehen, gewann er viele Herzen.

Weniger erfreulich hingegen fiel die Bestandsaufnahme der kirchlichen Gebäude im Bistum aus. Äußerst baufällig waren sowohl das Bischofshaus als auch das Generalvikariat. Das Kleine Konvikt und das Priesterseminar waren in einem noch ruinöseren Zustand, von den katholischen Schulen und dem Behindertenheim ganz zu schweigen. Angesichts der offensichtlichen Bedürftigkeit sicherte Ludwig mir seine Unterstützung zu und spendete spontan einen großen Betrag für die Versorgung des Priesterseminars mit Matratzen. Inzwischen konnten wir mit seiner Hilfe auch neue Betten beschaffen, die sanitären Anlagen renovieren und das Refektorium ausstatten.

Bei allen Fahrten durch das Bistum sprang die Zerstörung des Regenwaldes durch eine rücksichtslose, unkontrollierte Abholzung immer wieder ins Auge. Damit bahnt sich auch in Ebolowa eine Umweltkatastrophe an. Um dieser entgegenzuwirken, kam die Idee auf, eine landwirtschaftliche Schule einzurichten. Diese soll das Bewusstsein der Bevölkerung für die Bewahrung der natürlichen Ressourcen wecken und gleichzeitig ökonomische Entwicklungen in der Region fördern. Diese Agrarschule machte der Erzbischof schließlich zu „seinem" Projekt und stellte Fördermittel aus seiner Stiftung „Brot für alle Menschen" zur Verfügung. Bei der Einweihung der Schule war es uns selbstredend eine Ehre, das „Audimax" dieses Institutes nach unserem Gönner Ludwig Schick zu benennen.

Noch am Tage seiner Abreise aus Kamerun segnete mein Mitbruder Ludwig das St. Thomas-Hospital in Nsimalen/Yaoundé ein, dessen Bau und Unterhalt Teil eines von meinen deutschen Freunden gegründeten Vereins ist. Die uns Kamerunern hierdurch erwiesene warmherzige Anerkennung und das frohe festliche Beisammensein während dieser Begegnungen im Dezember 2016 werden den Mitarbeitern vor Ort, aber auch meinen europäischen Gästen unvergesslich bleiben. Nicht zuletzt in den kamerunischen Kinderherzen wird Ludwig unvergessen bleiben, ob seiner Zugewandtheit und seines nicht versiegenden Vorrats an Bonbons.

BISCHOF PROF. DR. PHILIPPE ALAIN MBARGA

Im Anschluss an die Priesterweihe 1994 (Bistum Mbalmayo) Studium und Promotion an der Theologischen Fakultät zu Fulda. Seit 2003 Dozent an der Université Catholique d' Afrique Central (Yaoundé). 2005 Berufung zum Regens des Grand Séminaire de Nkolbisson in der Hauptstadt Kameruns. Am 22.10.2016 Ernennung zum Bischof von Ebolowa durch Papst Franziskus.

Gruß aus Kamerun:

Gern nehme ich den 70. Geburtstag meines lieben Mitbruders Erzbischof Ludwig zum Anlass, ihm für seine langjährige und treue Freundschaft zu danken. Unsere Bekanntschaft begann schon während meiner Promotion, die ich als kamerunischer Priester an der Theologischen Fakultät in Fulda anfertigte. Damals war Ludwig Schick Professor für Kirchenrecht und mein Dozent an der Theologischen Fakultät. Auch in seiner Funktion als Generalvikar der Diözese Fulda begleitete er mich. Später durfte ich an seiner Bischofsweihe in Fulda, danach an seiner für mich sehr bewegenden Bischofseinführung in Bamberg teilnehmen. Nach meinem Promotionsstudium kehrte ich 2002 reich an freundschaftlichen Begegnungen und wertvollen Erfahrungen in meine westafrikanische Heimat zurück.

Seither wurde ich von Ludwig während meines Dienstes in Kamerun stets wohlwollend begleitet: als Dozent der Zentralafrikanischen Katholischen Universität/Yaoundé, später als Regens von Otélé, dann von Yaoundé. Schließlich wurde ich zum Bischof von Ebolowa ernannt und zu meiner großen Freude wirkte Mitbruder Ludwig als Konsekrator bei meiner Weihe im Dezember 2016 mit. Seine freundschaftliche und spirituelle Begleitung hat mich immer sehr gestärkt und getragen.

Mit Freude und Dankbarkeit blicke ich auf alle Begegnungen mit Erzbischof Ludwig Schick zurück, der mich und mein Bistum durch sein Gebet, seinen brüderlichen Rat und seine Tatkraft reich beschenkt. Ihm wünsche ich Gottes Segen zu seinem Jubiläum.

3.4

Reisintensivierung in Kambodscha

von Noel Oliver

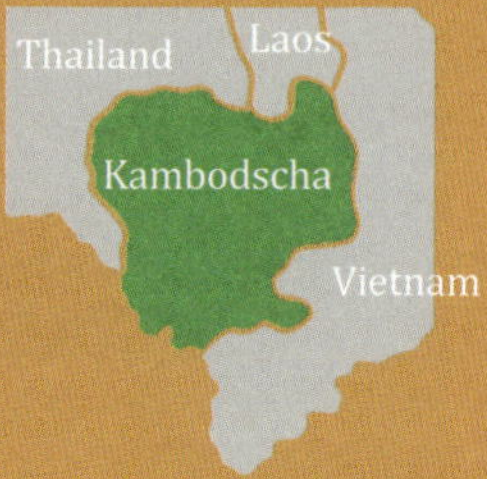

Kambodscha

Staat in Südostasien am Golf von Thailand.

Die Bevölkerung Kambodschas lebt zu 70 % in der Zentralebene, die Gebirgsregionen sind nur vereinzelt besiedelt. In den Städten leben heute nur etwa 20 % der Einwohner, was auch auf die Politik der Roten Khmer zurückzuführen ist, die die Städte evakuierten.

Nach der Schreckensherrschaft der Roten Khmer und der anschließenden Besatzungszeit durch Vietnam folgte 1989 unter der Mitwirkung der UNO der Neuaufbau staatlicher Strukturen, die 1993 mit einer neuen Verfassung endeten. Das Land konnte seit den 1990er Jahren, nach zwei Jahrzehnten Bürgerkrieg, Schreckensherrschaft und Besatzung, den Kampf gegen Hunger und Unterentwicklung erfolgreich führen und gehört heute zu einer der am schnell-sten wachsenden Volkswirtschaften der Welt.

Hauptstadt	Phnom Penh
Amtssprache	Khmer
Einwohnerzahl	ca. 16 Mio. (2017)
Bevölkerungsdichte	78 Einwohner pro km²
Bevölkerungsentwicklung	+1,54 % pro Jahr
Bruttoinlandsprodukt	19,39 Mrd. USD (2016)
BIP / Einw.	1.230 USD
Religion	96,3 % der Bevölkerung sind Anhänger des Theravada-Buddhismus

Ausgerichtet auf Nachhaltigkeit

„Wir haben dieses Land nicht von unseren Vorfahren geerbt, wir haben es von unseren Kindern geliehen."

Meinem Bericht über die Einführung des Systems zur Reisintensivierung in Sri Lanka möchte ich gerne ein Schlüsselerlebnis aus meiner Zeit in Kambodscha voran stellen, das über 20 Jahre später ausschlaggebend für den Verlauf dieses erfolgreichen Projektes in Sri Lanka werden sollte.

In den Jahren 1990 bis 1992 gründeten wir Jesuiten in Kambodscha das „Banteay Prieb Centre for the Disabled", eine landwirtschaftliche Einrichtung, die vor allem Landminenopfern und kriegsgeschädigten Jugendlichen wieder eine Perspektive geben sollte.

1991 besuchte uns ein britischer Agrarexperte und wir führten ihn voll Stolz durch das Dorf. Als wir nach dem Rundgang ins Zentrum zurückgekehrt waren, sprach er mich direkt an: „Ihr Inder wendet beim Anbau von Zuckerrohrplantagen falsche Methoden an." Das überraschte mich, denn unser Vorbild beim Zuckerrohr war Shrirampur, eine ländliche Stadt in unserer indischen Provinz, umgeben von großen Zuckerrohrplantagen mit vielen Zuckerfabriken. Also bat ich ihn um eine Erklärung.

„Euer erster großer Fehler ist", so antwortete er, „dass ihr zu viel Chemie verwendet. Und der zweite große Fehler ist, dass ihr zu viel Wasser braucht. Alle drei Wochen, immer wenn das Bewässerungssystem Wasser liefert, überschwemmen eure Bauern ihre Felder. Dadurch werden die Chemikalien aufgelöst, versickern im Boden und verschmutzen die Brunnen." Da musste ich ihm recht geben, doch damit nicht genug: „Der dritte große Fehler", ergänzte er schließlich, „ist das Verbrennen auf den Feldern. Da die Zuckerfabriken das Zuckerrohr ohne die Blätter wollen, verteilen eure Bauern die Blätter auf ihren Feldern und zünden sie in der Überzeugung an, dass die dadurch entstehende Asche ein guter Dünger ist. Dabei beachten sie aber nicht, was die Glut mit den Mikroben und Würmern in der Erde macht." Schließlich verwies er auf Kuba: „Ihr müsst dem Beispiel Kubas folgen, das keine Unterstützung für Import oder Herstellung von chemischen Düngemitteln und anderen Chemikalien erhält so wie Kambodscha. Und ehrlich gesagt: der Zucker aus Kuba ist besser als deiner."

Als ich etwas später nach Indien zurückkehrte, berichtete ich während eines Seminares einem Professor für Agrarkunde von dieser Begegnung in Kambodscha und bat ihn um seine Einschätzung. „Wie recht er hat", antwortete der Professor: „Man sieht all die grünen Zuckerrohrfelder in der Gegend von Shrirampur und ist zufrieden. Der tatsächliche Zuckergehalt im Zuckerrohr auf einen Hektar hat sich jedoch in der Tat verringert." Das brachte mich dazu, über die negativen Aspekte des chemischen Düngemitteleinsatzes nachzudenken.

SRI, das System der Reisintensivierung

Mein Interesse am Reisanbau begann 2011, als ich 18 Monate lang in Sri Lanka war. Ich hatte viele grüne Reisfelder gesehen und war beeindruckt. Der Jesuit, dem ich assistierte, hatte eine Farm gekauft. Für die Bevölkerung sollte hier ein Lernzentrum eingerichtet werden, einschließlich Reisanbau für den Eigenbedarf. Ich schlug ihm vor, lieber eine Landwirtschaftsschule zu gründen, und recherchierte dazu ausführlich im Internet. Dabei stieß ich auf einen äußerst interessanten Artikel über das „System der Reisintensivierung (SRI)", entwickelt von einem französischen Jesuitenkollegen, dem Priester Henri de Laulanie in Madagaskar.

Ich bin kein Landwirt, aber dennoch hat mich dieser Artikel so gefesselt, dass ich mich intensiv mit diesem in unserer Gegend völlig unbekannten Anbauverfahren für Reis auseinandergesetzt habe. Ja, das SRI ist tatsächlich „nur" ein Verfahren, denn es verwendet kein spezielles Saatgut und verzichtet auf jeden Dünger.

Für den herkömmlichen Reisanbau benötigt ein Landwirt ca. 90 Kilogramm Saatgut für 1 Hektar Land. Die meisten Bauern werfen den Reis nur grobflächig aus und hoffen, dass er angeht. In der Folge werden die Felder überflutet gehalten, Düngemittel ausgebracht, sowie Unkraut und Schädlinge mit Chemikalien vernichtet. Die Landwirte benötigen finanzielle Mittel für den Kauf von Saatgut, Düngemitteln und anderen Chemikalien, auch brauchen sie Geld für die Bodenbearbeitung und die Ernte. Oft müssen sie sich verschulden und von den Erlösen ihre Gläubiger zufrieden stellen. Da die Bauern zudem keine geeigneten Lagermöglichkeiten in ihren Häusern haben, verkaufen sie in der Regel ihre Produkte alle gleichzeitig kurz nach der Ernte, eine Notwendigkeit, die natürlich die Verkaufserlöse sinken lässt.

Die Studien aus Madagaskar über die Anwendung des SRI-Verfahrens berichteten von einer Einsparung an Saatgut in Höhe von 60 bis 70 Prozent. Da SRI vor allem auf den Wechsel zwischen Befeuchtung und Trocknung der Felder setzt, wird ca. 40 Prozent weniger Wasser benötigt. Die Trocknung der Felder ist wichtig, damit der Sauerstoff zu den Wurzeln gelangen kann. Es werden keine Chemikalien gegen Unkraut benötigt, da das Jäten manuell durchgeführt wird und durch den großen Abstand zwischen den Pflanzreihen und der damit erreichten zusätzlichen Sonneneinstrahlung gibt es erheblich weniger Ungeziefer.

Ein Erfolgskonzept

Dieses Konzept überzeugte uns und so wandten wir im Jahr 2015 erstmals auf unserem Land das SRI-Verfahren für den Reisanbau an. Bereits im nächsten Jahr, 2016, folgten die ersten drei Landwirte unserem Beispiel. 2017 kamen 19 Landwirte hinzu, die an dem Programm teilnahmen, 2018 waren es weitere 25. In diesem Jahr, 2019, sind es etwa 50 Landwirte, die sich für das SRI-Verfahren neu entschieden haben.

Besonders interessant ist das Programm für kleine Landbesitzer mit max. 1 bis 2 Hektar Ackerland oder noch weniger. Mit dem SRI-Verfahren benötigen sie jetzt tatsächlich pro Hektar nur noch 15 bis 20 Kilogramm Saatgut, das sind 70 Kilogramm weniger als zuvor. Damit ist es ihnen auch möglich, die Setzlinge einzeln zu verpflanzen und manuell Unkraut zu jäten. Chemikalien werden keine mehr eingesetzt, weder als Dünger noch gegen Unkraut oder Schädlinge. Die Bauern in unserem Dorf Koev Mony stellen nun ihren eigenen Kompost her und sparen durch die abwechselnde Befeuchtung und Trocknung der Felder 40 Prozent Wasser ein. So fahren sie das Zweieinhalbfache ihrer bisherigen Ernte ein. Zudem brauchen sie keine Kredite mehr aufnehmen und können daher den gesamten Erlös aus dem Verkauf ihrer Ernte für sich behalten.

Wirtschaftliche Unabhängigkeit für Kleinbauern

Mittlerweile haben wir in Keov Mony einen Lagerraum für den Reis gebaut und sind damit nicht mehr den Preisangeboten der Händler ausgeliefert. Die Landwirte müssen ihr Getreide nicht zur Erntezeit verkaufen. Sie können ihr Getreide dann verkaufen, wenn die Preise für sie besser sind. Im Nachbarort planen wir zur Zeit den Bau einer weiteren Lagerhalle.

In unserem Zentrum CROAP haben wir einen Regionalverkauf eingerichtet mit Café und einem Treff für Farmer. Günstig an der Fernstraße gelegen, regt es Vorbeifahrende zum Einkauf an. Landwirte auf der Durchfahrt können sich hier zudem mit der SRI-Methode befassen. Laden und Café werden von Frauen geführt, die im Direktverkauf das Getreide unserer Bauern zu einem besseren Preis anbieten können. Die Beschäftigung verschafft den Frauen und ihren Familien zudem ein zusätzliches Einkommen. Somit kommen all unsere Initiativen auf Basis des SRI den kleinen Landbesitzerfamilien zugute und ihre Familien und vor allem die Kinder haben jetzt mehr zu essen. Kürzlich erwarben wir auf der anderen Seite des Flusses eine weitere landwirtschaftliche Fläche, auf der wir Nutztiere und Nutzvögel züchten und verschiedene Gemüsesorten anbauen wollen.

Kleinbauern sind begeistert

Am Ende meines Artikels möchte ich gerne von zwei Kleinbauern berichten, die unter Anwendung des Systems zur Reisintensivierung ihre unabhängige Existenz erreicht haben, indem sie mit weniger Einsatz mehr erzeugen können. Wir dürfen nicht vergessen, dass auch die wirklich Armen Menschen mit Würde sind, daher sollten wir sie nicht durch Spenden zu Bettlern machen.

Das SRI-Verfahren ohne Einsatz von Chemie schont darüber hinaus auch unsere Umwelt und ist auf Nachhaltigkeit ausgelegt. Ganz im Sinne eines Häuptlings der Indianer, der einst sagte: „Wir haben dieses Land nicht von unseren Vorfahren geerbt, wir haben es von unseren Kindern geliehen."

Eine kurze Geschichte über Pheng Vanny

Pheng Vanny ist eine der ersten 3 Landwirtinnen, die sich 2016 dem Rice Intensification Program angeschlossen haben, und es seitdem auf ihren Feldern anwendet. Sie ist 34, ihr Ehemann ist 72 Jahre alt. Sie haben 3 Kinder, das zweitgeborene Kind wurde von ihrer Tante adoptiert, da diese keine eigenen Kinder haben konnte.

Die Familie besitzt etwa 3.000 Quadratmeter Ackerland, auf dem Pheng Vanny in der Regenzeit Reis pflanzt, sowie einige Äcker in der Nähe ihres Hauses für Gemüse, Nutztiere und Vögel. Außerdem verdient sie sich etwas dazu, indem sie für andere arbeitet.

Ihr Mann hat ein Motorrad mit Anhänger, um Schrott aus verschiedenen Dörfern und von der Müllhalde zu sammeln und zu verkaufen. In letzter Zeit ging es ihm gesundheitlich nicht gut und so übernahm seine Frau diese Arbeit. Der Schrott wird zu den Schrotthändlern gebracht – die Einnahmen liegen an einem guten Tag manchmal bei etwa 30.000 Riels (etwa 6,66 €).

Bevor Pheng Vanny sich dem SRI-Programm anschloss, reichten die Ernten nicht aus, um ihre Familie das ganze Jahr über zu ernähren. Sie lebten auf einer Platte aus Holz, geschützt durch ein Blechdach und Wänden aus Stoff. Das war kein einfaches Leben, besonders in der Regenzeit.

Im Jahr 2016 trat Pheng Vanny schließlich dem SRI-Programm bei. Sie zog auf 2.500 Quadratmetern Ackerboden Reis und hatte einen Ernteertrag von 1 Tonne, was dem Dreifachen dessen entsprach, was sie bis dahin erntete. Im folgenden Jahr führte sie dann das SRI-System auf der gesamten Fläche ein und erzielte eine Ernte von 1.400 Kilogramm Reis.

Im Jahr 2018, einem Jahr der Dürre, das alle Landwirte heimgesucht hatte, konnte Pheng Vanny – mit Unterstützung einiger Mitglieder des Teams – die SRI-Methode fortsetzen und kam auf rund 1 Tonne Ertrag; dies war zwar weniger als im Jahr zuvor, aber besser als bei vielen anderen Bauern, die ihren traditionellen Methoden gefolgt waren. Für 2019 sind die Felder für die Aussaat bereits wieder vorbereitet.

Pheng Vanny ist überzeugt von dem Programm und unterstützt heute die Karuna Battambang Organisation, die sie bei ihren eigenen Erfahrungen begleitet hat. Beispielsweise wirbt sie bei den anderen Bauern für die Anwendung der SRI-Methode und erzählt von den positiven Auswirkungen, die sie selbst für ihr eigenes Feld erlebt hat. „Trotz vieler chemischer Düngemittel", so berichtet sie, „waren früher die Felder immer ausgetrocknet und brachten immer weniger Erträge." Heute, nachdem Pheng Vanny auf Kompost umgestiegen ist, beobachtet sie immer mehr Würmer in den Feldern; auch der Ertrag ist viel besser geworden. Zusätzlich kann sie dank der Karuna Battambang Organisation das Getreide richtig lagern und den Reis zu einem besseren Preis im Laden der Musterfarm verkaufen. Pheng Vanny zeigt sich zuversichtlich: „Ich werde die SRI-Methode ewig weiterführen".

Eine kurze Geschichte über Herrn Oum Sakhoeurn

Oum Sakhoeurn (57 Jahre) und seine Frau Pheng Ouk (53) leben mit drei ihrer vier Kinder im Dorf Prek Takong. Seine verheiratete Tochter lebt noch immer bei ihnen, während der verheiratete Sohn mit seiner Frau in die Provinz Kandal gezogen ist. Ein Sohn studiert an der öffentlichen polytechnischen Schule in Pursat; der jüngste Sohn besucht die vierte Klasse der Grundschule.

Die Familie lebt von Reisanbau, Vieh- und Geflügelzucht und Gemüseanbau. Für ein zusätzliches Einkommen pflügt und harkt der Vater auch die Felder anderer Bauern. Wie gewohnt wandte die Familie die konventionelle Methode des Reisanbaus an und erzielte trotz hoher Investitionskosten nur geringe Erträge bei der Ernte. Im Jahr 2018 probierte Oum Sakhoeurn SRI zunächst auf einer Fläche von 1.200 Quadratmetern seines Feldes aus und fuhr damit eine Ernte von 350 Kilogramm ein, was etwa 2,9 Tonnen pro Hektar entspricht. In der Vergangenheit hatte er auf diesem Feld nur etwa 96 Kilogramm Ertrag. Dieser Erfolg bedeutet viel für seine Familie. Sechs weitere Landwirte, die gesehen haben, was er erreicht hat, werden in der Saison 2019 ebenfalls SRI ausprobieren.

Oum Sakhoeurn ist einer der wenigen Bauern, die noch Ochsen zum Pflügen seiner Felder einsetzen. Er engagiert sich intensiv in der Karuna Battambang Organisation bei den Programmen der zur Herstellung von Kompost für die SRI-Methode und zur Bildung von Selbsthilfegruppen in seiner Gemeinde. Er hat erlebt, wie man mit „geringeren Kosten viel bessere Erträge erzielen kann“ und gelernt, wie organische Düngemittel dazu beitragen, die Gesundheit des Bodens zu verbessern und ihn fruchtbarer zu machen. Dadurch kann er Geld für zusätzliches Saatgut, chemische Düngemittel und Pestizide sparen und die Kosten niedriger halten. Musste er sich in der Vergangenheit Geld leihen und mit hohen Zinsen zurückzahlen, braucht er das heute nicht mehr und die Erträge sind höher.

Die Familie Sakhoeurn bestätigt, dass die Ernteerfolge ihr Leben verändert hätten. Oum Sakhoeurn kennt sich heute bestens aus im SRI Programm und ist der Karuna Battambang Organisation sehr dankbar für die verschiedenen Schulungen, die dazu angeboten wurden. Er ist überzeugt davon, dass die SRI-Methode seiner Familie und seiner Dorfgemeinschaft auch in Zukunft helfen wird, ein besseres Leben zu führen. Das SRI-Programm wendet er ab 2019 auf seiner gesamten Hoffläche an.

BRUDER NOEL OLIVER SJ

Jesuit, in Indien 34 Jahre lang zuständig für die technische Ausbildung Jugendlicher sowie das Frauenprogramm „Ashankur" (Saat der Hoffnung). Mehrere Auslandsprojekte in Afghanistan (Flüchtlingsdienst), Kambodscha (Aufbau des Banteay Prieb Centre for Victims of Landmines and the Physically Challenged Youth, Zentrum CROAP (Centre for Research on Optimal Agricultural Practices), Sri Lanka und Timor Leste (Colegio de Santo Inacio de Loiola).

3.5

Kaffee-Kooperativen in Venezuela

von Klaus Väthröder

Venezuela

Staat im Norden von Südamerika, grenzt an die Karibik und den Südatlantik.

Seit Januar 2019 liefern sich der amtierende Präsident Nicolas Maduro und der Oppositionsführer Juan Guaidó einen Machtkampf. Guaidó hat sich selbst zum Übergangspräsidenten Venezuelas ernannt. Er wird von mehr als 50 Staaten anerkannt, darunter auch von Deutschland und den USA. Maduro wird dagegen von Ländern wie Russland gestützt – und weiß die venezolanische Militärführung hinter sich. In dem einst reichen Land, das die größten Erdölvorkommen der Welt aufweist, herrscht durch eine Wirtschaftskrise extreme Inflation, sowie Mangel an Grundnahrungsmitteln und Medikamenten.
Maduro macht dafür Sanktionen der USA verantwortlich, Kritikerinnen und Kritiker sehen als Gründe dagegen vor allem Korruption und Misswirtschaft unter Maduro. Millionen Menschen haben inzwischen das Land verlassen.

Hauptstadt	Caracas
Amtssprache	Spanisch, auch Wayuu, Warao, Pemón, Mapoyo, Panare, Puinave, Pémono, Sapé, Sikiana, Yabarana, Yaruro
Einwohnerzahl	ca. 31,7 Mio. (2018)
Bevölkerungsdichte	34 Einwohner pro km²
Bevölkerungsentwicklung	+1,28 % pro Jahr
Bruttoinlandsprodukt	210,1 Mrd. USD (2017)
BIP / Einw.	6.684 USD
Religion	96% römisch-katholisch

Ausbilden, um zu verschwinden

Unter Anleitung von Jesuiten entsteht in Venezuela eine Kooperative, die das Leben verändert

Im Jahr 1977 besuchte der australische Missionar Pater Vicente Arthur das Sozialzentrum der venezolanischen Jesuiten Centro Gumilla in der Stadt Barquisimeto im Bundesstaat Lara, gut 400 Kilometer westlich von Caracas. Im Sozialzentrum traf Pater Vicente auf den aus dem Baskenland stammenden Pater Alberto Dorremochea Aramburu SJ oder kurz: Dorre. Pater Vicente erzählte von seiner Gemeinde in den Bergen von Lara: von der Not der Menschen, dem Analphabetismus, den Kranken ohne Versorgung, dem mangelnden Trinkwasser, den schlechten Straßen, der fehlenden Elektrizität und der Ausbeutung der kleinen Kaffeebauern. Pater Vicente, ein frommer aber wenig praktischer Mann, fragte: „Pater, der Glaube bei meinen Leuten ist groß. Aber auch nach Jahren meiner Arbeit sind sie immer noch arm. Was können wir tun?“

Dorre, ein Mann der Tat, der bisher mit städtischen Kooperativen gearbeitet hatte, machte sich gleich zusammen mit Pater Vicente auf den Weg in die Berge. Dort trafen sie sich mit einer Abordnung der Kaffeebauern. Nachdem alle den Rosenkranz gebetet hatten, wurde der Gast aus der Stadt vorgestellt. Dorre, der keinen blassen Schimmer von Kaffeeanbau hatte, erkundigte sich bei den Bauern über den Sachverhalt. Diese tuschelten hinter vorgehaltener Hand: „Und das ist der Mann, den uns Pater Vicente gebracht hat, damit er unsere Probleme löst?“ Und dennoch: Das war der Beginn einer der erfolgreichsten Kaffee-Kooperativen in Venezuela des letzten Jahrhunderts. Aber bis dahin war es noch ein langer Weg. Die Kaffeebauern mussten erst einmal davon überzeugt werden, dass sie nur vereint und zusammenarbeitend vieles erreichen können.

Zu Besuch in den Kooperativen

Gut 15 Jahre später war ich mit Pater Dorre vier Wochen unterwegs in den Bergen von Lara. Auf und ab über unbefestigte Straßen, vorbei an steilen Abhängen, und manchmal mussten wir Stunden warten vor einem angestiegenen und reißenden Fluss, bis der Wasserstand nach dem Regen wieder gefallen war. Jeden Tag unserer Tour besuchten wir eine der 26 Unionen, die Untereinheiten der Kaffee-Kooperative, die jeweils 20 bis 50 Familien umfassten. Seit dem ersten Besuch von Dorre und der Gründung der Kaffee-Kooperative COPALAR (Asociación Cooperativa de Servicios Múltiples Agropecuarios Productores Agrícolas Lara) hatte sich viel getan.

Vor der Zeit der Kooperative kam zur Erntezeit El Tigre (der Tiger) mit seinem kleinen Lastwagen vorbei, besuchte die Bauern und kaufte ihnen den Kaffee ab – zu einem unverschämt niedrigen Preis. Aber was sollten die Kaffeebauern tun? Sie hatten keine Möglichkeit, die Kaffeesäcke selbst auf den Markt zu bringen und sie litten unter ständigem Geldmangel, besonders außerhalb der Erntezeit. Inzwischen hatte die Kooperative Lastwagen angeschafft und Lagerhäuser gebaut. Der Kaffee wurde selbst vermarktet und die gesamte Ernte nicht sofort verkauft, sondern fachmännisch gelagert und erst nach und nach auf den Markt gebracht, wenn sich der Preis nach einem Überangebot wieder etwas erholt hatte.

Dorre und ich kamen im Laufe des Vormittags bei den einzelnen Unionen an. Alle waren bereits versammelt und wir begannen mit einer Eucharistiefeier. Nach der Messe informierte sich der Pater über die Entwicklungen in der Kooperative. Dann berichtete der Schatzmeister über die aktuellen Zahlen der jeweiligen Union, über produzierte Kaffeesäcke, Kontostand und momentane Vorräte in der Konsumabteilung. Nachdem man die produzierende Kooperative gegründet hatte, wurde auch eine Abteilung für Einkauf eingerichtet. Da keiner der Bauern über ein eigenes Auto verfügte, die meisten hatten ein Reitpferd, kauften sie notwendige Dinge von fahrenden Händlern zu hohen Preisen. Durch den gemeinsam organisierten Einkauf konnten sie viel sparen und der Lebensstandard der Familien stieg erheblich an. Einige wenige Familien hatten sogar schon einen von einem Generator betriebenen Kühlschrank, denn Strom war noch in keinem Weiler angekommen.

Kaffeesäcke und Särge

Ein besonderer Erfolg war die Cooperativa Funeraria, die Anschaffung von Särgen auf Vorrat, die im Lagerhaus gleich neben den Kaffeesäcken aufgestapelt wurden. Sterben war ein logistisches und finanzielles Problem. Wenn ein Familienmitglied starb, musste früher ein Sarg in der Stadt besorgt werden. Das konnte Tage dauern, aber der Leichnam sollte in dem feucht-heißen Klima binnen 24 Stunden beerdigt werden. Außerdem waren Särge teuer und man musste einen Kredit aufnehmen. Die Lösung war ein allgemeiner kleiner monatlicher Beitrag, mit dem die Särge auf Vorrat angeschafft wurden und immer rechtzeitig zur Verfügung standen. Dies war für die traditionell katholischen Bauern eine große seelische Erleichterung und eine ökonomische Entlastung. Manch einer, der weit entfernt von einem der Lagerhäuser wohnte, hatte einen Sarg griffbereit unter seinem Bett.

Nach einem gemeinsamen Mittagessen – Kaffee und Arepa, dem traditionellen runden Maisfladen – gab es zumeist eine Einheit zur Fortbildung der Bauern. Bei meiner Tour ging es um den sogenannten Kaffeerost (Hemileia vastatrix), ein Pilz, der Kaffeepflanzen befällt. Dorre versuchte mimisch die Aktivitäten dieser

Schädlinge darzustellen, was immer zu großer Heiterkeit und zu einem guten Verständnis führte.

Kaffeeanbau in Venezuela

Bis 1924 war Kaffee das Hauptprodukt für den venezolanischen Export, eine Branche, die viele Menschen beschäftigte und sicheres Einkommen generierte. Aber mit der Entdeckung und Vermarktung des Erdöls in Venezuela wurde der Kaffeeanbau stark vernachlässigt, wie auch der Anbau anderer landwirtschaftlicher Produkte. So lag die Kaffeeproduktion in Lara qualitativ und quantitativ am Boden, mit den entsprechenden Auswirkungen auf die beschäftigten Familien.

Der Kaffeeanbau im Staat Lara hatte eigentlich die besten Voraussetzungen. Der Boden war nährstoffreich, die Höhe angemessen, das Klima optimal und die Kaffeesträucher standen im Schatten großer Bäume, eine Notwendigkeit für Qualitätskaffee. Nach der Ernte per Hand von November bis Februar wurden die gepflückten Kaffeekirschen aufbereitet. Dies muss schnell geschehen, da die Früchte im frisch geernteten Zustand nicht lange haltbar sind. Dann kam die Trockenaufbereitung. Hierbei wurden die Früchte auf einer großen Fläche ausgebreitet und bis zu fünf Wochen getrocknet. Dann wurden per Hand Fruchtfleisch und Haut abgezogen. Die erste Investition der Kooperative war eine Art Dreschmaschine, die diese Aufgabe maschinell erledigte. Jedes Mitglied der Kooperative gab einmalig ein Drittel seiner Ernte, und für jede Union wurde eine gemeinsame Maschine angeschafft. Später kamen noch einige maschinelle Trockner für den Kaffee hinzu.

P. Alberto, genannt Dorre

Ein weiteres Problem der Kaffeebauern war, dass bald nach der Ernte den Familien das Geld ausging. Bis zur nächsten Ernte, also monatelang lebten sie mehr schlecht als recht, bis wieder Geld da war. Es gab keine Kultur des Sparens. Und so begann man mit geringfügigen Beträgen, 50 Cent im Monat, die in ein kleines Heftchen eingetragen wurden. Da keiner ein Konto hatte, wurde alles auf das Konto des Pfarrers eingezahlt. Später, als die Kooperative und die einzelnen Unionen offiziell registriert wurden, konnte jeder Bauer ein eigenes Konto eröffnen und auch Kredite vom venezolanischen Institut für die Förderung der Landwirtschaft erhalten.

Ein neuer Herd beugt Sehschwäche vor

Die Kooperative war auch im sozialen Bereich sehr erfolgreich. Fast alle Häuser wurden im Laufe der Jahre mit fließendem Wasser ausgestattet. Manch einer wunderte sich, dass das Wasser auch bergauf floss – jedoch nur, wenn genügend Druck vorhanden war.

Ein großes Thema war der Analphabetismus fast aller Frauen. Es wurden Lehrer eingestellt, die den Frauen Lesen und Schreiben beibringen sollten. Zu Beginn der Woche war der improvisierte Klassenraum voll mit wissbegierigen Frauen. Mitte der Woche hatte sich die Anwesenheit auf die Hälfte reduziert und am Samstagvormittag war der Klassenraum leer. Nachforschungen ergaben, dass die Frauen nicht entziffern konnten, was an die Tafel geschrieben wurde. Schon als kleine Mädchen standen sie jeden Tag stundenlang in der Küche, backten Arepas und rösteten den Kaffee für den Hausgebrauch bei offenem Holzfeuer und ohne Abzug, was ihre Sehkraft stark beeinträchtigte. Also wurde ein einfacher neuer Herd entwickelt, günstig und effizienter als die bisherigen Feuerstellen, und mit einem Abzug. Hunderte von diesen neuen Herden wurden installiert und die Verbreitung der Herde ging weit über die Kooperative in Lara hinaus. Im Nachhinein gesehen, verbesserte dieses einfache Projekt der Kooperative die Lebensqualität der Bauern mehr als vieles andere.

Dorre und das Wunder

Am Abend schliefen Dorre und ich bei einem der Bauern, der uns ein einfaches Nachtlager bereitete. Ich erinnere mich noch gut an die vielen Fledermäuse, die um uns herumflogen. Vor dem Zubettgehen saßen wir mit der Familie bei Kerzenschein zusammen, aßen Arepas und tranken Kaffee, was es natürlich auch wieder zum Frühstück gab. Wir plauderten und ich spürte, wie die Kaffeebauern diesen knorrigen Basken Dorre verehrten und liebten, der allmonatlich seine Tour durch die Berge machte. Seine vielen Geschichten sind inzwischen Legenden unter den Kaffeebauern. Auf einer dieser Touren, gemeinsam mit Pater Vicente, nahmen sie eine junge Frau mit ihrem Neugeborenen im Auto mit. Unterwegs stiegen die beiden Priester aus, um einer Familie einen raschen Besuch abzustatten. Plötzlich löste sich die Handbremse und der Wagen mit der Frau und dem Baby auf dem Rücksitz rollte rückwärts den Berg hinab. Kurz vor einem Abgrund verfing sich das Auto in einem Busch und blieb stehen. Dorre und Pater Vicente stürzten aus dem Haus und Pater Vicente rief aus. „Un milagro. Ein Wunder!“ Darauf Dorre: „Ein Wunder wäre es gewesen, wenn der Wagen bergauf gerollt wäre.“ Womit er gewissermaßen Recht hatte.

Der Export kommt ins Rollen

Im Laufe der Jahre hat sich COPALAR noch weiterentwickelt. Bereits 1982, im gleichen Jahr meines Besuches, wurde der erste Container mit 18 Tonnen Rohkaffee nach Holland geschickt, wo er von Stichting Max Havelaar weiterverarbeitet und als Flor de Lara (Blüte aus Lara) im Fair-Trade-Handel verkauft wurde. In den folgenden Jahren wurden immer zwei oder drei Container nach Holland geschickt, was den Kaffeebauern ein gutes Einkommen brachte. Die letzte Errungenschaft war die Vermarktung einer eigenen Kaffeesorte „Altavista" (Hohe Aussicht). Die Anschaffung der großen Röstmaschine und der Verpackungsanlage lohnte sich. Nun blieb der gesamte Mehrwert der Kaffeeproduktion bei der Kooperative und ihren Genossen.

Nach 25 Jahren zogen sich die Jesuiten aus der Kooperative COPALAR zurück und überließen den geschulten Campesinos Leitung und Organisation. COPALAR hat gezeigt, dass sich mit solidarischem Engagement und gemeinsamer Organisation die Lebensqualität der kleinen Bauern, ihr Einkommen, ihre Gesundheit und ihre Bildung verbessern können. Pater José Luis Echeverría SJ, ein Gründer und Förderer vieler Kooperativen in Venezuela, hat seine Mission so beschrieben: „Educar para desaparecer." „Ausbilden, um zu verschwinden."

PATER KLAUS VÄTHRÖDER SJ

Jesuit, seit 2007 Missionsprokurator der Deutschen Provinz der Jesuiten in Nürnberg. Er studierte Ökonomie und arbeitete 12 Jahre in Venezuela, u. a. als Direktor des Sozialzentrums Centro Gumilla der venezolanischen Jesuiten.

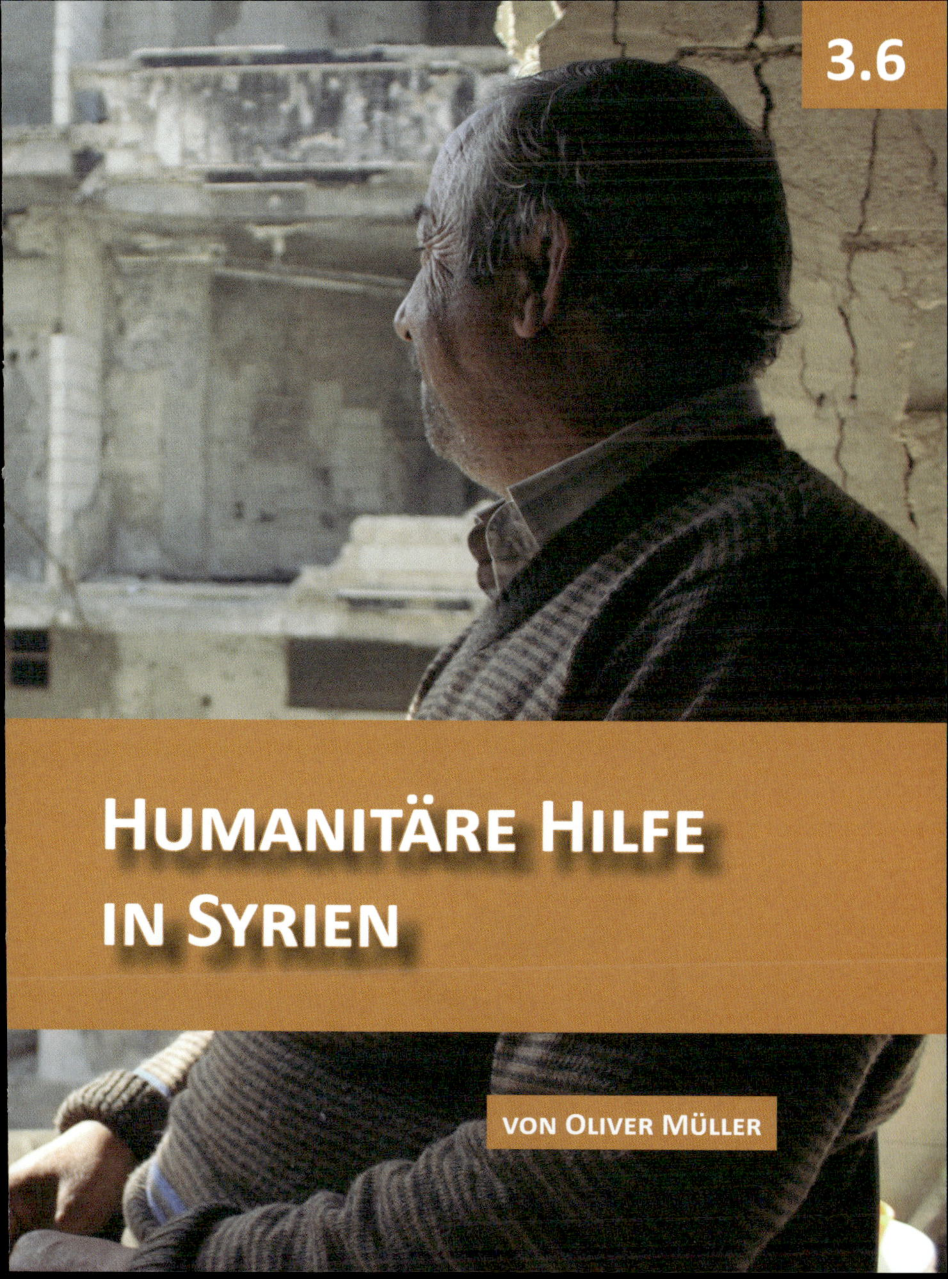

3.6

Humanitäre Hilfe in Syrien

von Oliver Müller

Syrien

Seit 2011 herrscht Krieg in Syrien, durch den mehrere hunderttausend Menschen getötet wurden. Das Land liegt in großen Teilen in Trümmern. 11,7 Millionen Menschen sind auf humanitäre Unterstützung angewiesen, mehr als sechs Millionen Menschen sind Vertriebene im eigenen Land. Neben Wohnhäusern sind u. a. medizinische Einrichtungen, Schulen und die allgemeine Infrastruktur zerstört oder stark beschädigt worden.

Der Krieg in dem Land im Nahen Osten hat zu massiven Flüchtlingsbewegungen geführt. Fast sechs Millionen Menschen aus Syrien sind in andere Länder geflohen, in der Mehrheit in Nachbarstaaten wie die Türkei, Jordanien und den Libanon. Auch wenn nur noch in vergleichsweise wenigen Regionen in Syrien gekämpft wird, bleibt die Situation in dem Land fatal – und ein Wiederaufbau liegt noch in weiter Ferne.

Amtssprache	Arabisch
Hauptstadt	Damaskus
Staatsform	Republik
Regierungssystem	Semipräsidentielles Einparteiensystem
Einwohnerzahl	ca. 20,9 Mio. (2010), davon mehr als 5 Mio. ins Ausland geflüchtet (2017)
Bevölkerungsdichte	112,5 Einwohner pro km²
Bevölkerungsentwicklung	k. A.
Bruttoinlandsprodukt	Total 30,7 Mrd. USD (2017)
BIP / Einw.	Nominal 2.579 USD

Humanitäre Hilfe – partnerschaftlich und professionell

Die Stiftung „Brot für alle Menschen" unterstützt auch Caritas international bei Katastrophen, Krisen und Konflikten.

Aktuell benötigen nach UN-Angaben mehr als 130 Millionen Menschen Humanitäre Hilfe, fast 70 Millionen Menschen sind – Stand Ende 2018 – auf der Flucht vor Kriegen, Konflikten und Verfolgung. Dies ist die höchste Zahl, die jemals vom UN-Flüchtlingshilfswerk (UNHCR) registriert worden ist. Gleichzeitig verursachten Überschwemmungen, Stürme, Hitzewellen, Dürren und Waldbrände laut dem Genfer UN-Büro für Katastrophenvorsorge (UNISDR) seit Beginn dieses Jahrhunderts mehr als doppelt so hohe Schäden wie in den beiden Dekaden davor. Mit den Kriegen und Konflikten, den Naturkatastrophen und den negativen Folgen des Klimawandels ist auch der humanitäre Bedarf und sind die Anforderungen an die humanitäre Hilfe stetig gestiegen.

Caritas international leistet als Hilfswerk des Deutschen Caritasverbandes weltweit Not- und Katastrophenhilfe. Möglich gemacht wird dies durch öffentliche und kirchliche Mittel sowie durch private Spenden. Nur weil Caritas international höhere Spendeneinnahmen und wachsende Zuschüsse erhält, kann das Hilfswerk dem steigenden humanitären Bedarf gerecht werden.

Die Stiftung „Brot für alle Menschen", erst vor zehn Jahren durch Erzbischof Ludwig Schick ins Leben gerufen, hat Caritas international seither bereits mehrfach in der Not- und Katastrophenhilfe unterstützt, so z. B. bei der Hilfe für Vertriebene und Flüchtlinge des Syrienkrieges und bei der Hilfe für die Betroffenen der großen Dürren der vergangenen Jahre in Ostafrika.

An diesen beiden Krisenregionen lässt sich exemplarisch darstellen, wie Caritas international sich den – teils veränderten – Herausforderungen der Humanitären Hilfe stellt.

Von der Krise zur Dauerkrise

In Syrien wird acht Jahre nach Ausbruch des Bürgerkriegs noch immer gekämpft. In den Anfängen des „Arabischen Frühlings" wurde der Widerstand gegen das diktatorische Assad-Regime noch von einer Demokratie-Bewegung getragen. Doch schon bald waren es mehr und mehr Parteien, die mit unterschiedlichen Interessen in den Bürgerkrieg eingriffen: Islamistische Terrorgruppen, lokale Warlords, kurdische Milizen, türkische, iranische und irakische Militärs. Hinzu kamen die von den USA angeführte westliche Allianz, Russland und diverse arabische Staaten.

Immer mehr Menschen flohen zunächst innerhalb Syriens, in den Nordirak und die Nachbarländer Jordanien, Libanon und die Türkei, später auch weiter nach Südost- und Mitteleuropa. Für Caritas international erforderte die zunehmend unübersichtliche Entwicklung, sich immer wieder neu auszurichten. Konzentrierte sich das Hilfswerk des Deutschen Caritasverbandes zunächst in Syrien und seinen Nachbarstaaten auf eine bestmögliche Versorgung der Geflüchteten und leistete akute Nothilfe, änderte sich mit dem Kriegsverlauf auch die Art und Weise der Hilfen. Als viele Geflüchtete die Aussicht auf einen baldigen Frieden aufgaben und weiter Richtung Mitteleuropa zogen, half Caritas international mit ihren jeweiligen Partnern auf der sogenannten „Balkanroute". Die weiter geflüchteten Menschen richteten sich auf einen längeren Aufenthalt im Exil ein, weil eine Heimkehr in ihre zerstörte Heimat aussichtslos schien. Neben der Hilfe auf der Flucht ging (und geht) es also auch darum, gemeinsam mit den Geflüchteten Perspektiven zu entwickeln, ihnen – etwa in Griechenland – durch Sprachkurse und Fortbildungen einen Einstieg in den Arbeitsmarkt zu ermöglichen.

Innerhalb Syriens und in den unmittelbaren Nachbarländern dagegen leistet die Caritas bis heute Nothilfe: in Gesundheitszentren, durch den Bau von Unterkünften, durch die Verteilung von

Lebensmitteln, ergänzt durch Bildungsangebote, damit zumindest die Kinder Perspektiven für ein besseres Leben erhalten. Im Zentrum der Hilfen steht dabei immer die Unterstützung für diejenigen, die sich am wenigsten aus eigener Kraft helfen können: alte und kranke Menschen, Menschen mit Behinderung und Kinder. Mit Unterstützung auch durch die Stiftung „Brot für alle Menschen" ist es Caritas international bis heute möglich, solche Hilfen zu leisten.

Wiederkehrenden Krisen nachhaltig begegnen

Nicht nur lang anhaltende Kriege und Konflikte erfordern einen langen Atem. Auch bei Naturkatastrophen ist die mittelfristige Präsenz vor Ort seit jeher ein zentraler Aspekt der Hilfen von Caritas international, geht es doch nach Erdbeben, Überschwemmungen oder Stürmen darum, zunächst Nothilfe zu leisten, in der Folge aber gemeinsam mit den Betroffenen den Wiederaufbau zu gestalten.

Auch die Katastrophenvorsorge – etwa durch den Bau stabiler Häuser, die sicherer gegen Erdbeben und Stürme sind – ist schon immer integraler Teil der Katastrophenhilfe. Sie hat jedoch noch an Bedeutung gewonnen, seit der Klimawandel die Häufigkeit und die Intensität von Katastrophen erhöht. In Ostafrika beispielsweise ist es in den vergangenen Jahren zu immer länger anhaltenden Dürren gekommen. Mancherorts fiel über Jahre kein Regen, der Wechsel von Trocken- und Regenzeiten ist deutlich aus dem Rhythmus geraten.

Im Jahr 2011 hatte eine Hungerkrise am Horn von Afrika das Leben von etwa 11,5 Millionen Menschen bedroht. Allein in Somalia starben UN-Angaben zufolge mehr als 250.000 Menschen. Bereits Anfang 2016 kam es erneut zu katastrophalen Dürren in der Region, und über zehn Millionen Menschen waren auf die Verteilung von Nahrungsmitteln und Trinkwasser angewiesen. Als Ende des Jahres dann der lang ersehnte Regen kam, führte dies zu Überschwemmungen, die fast 300.000 Menschen zur Flucht zwangen. Schon Anfang 2017 war von diesen Wassermassen nichts mehr zu sehen – die Dürre hatte Äthiopien, Nord-Kenia und andere Länder Ostafrikas erneut im Griff, und wieder drohte eine Hungersnot.

Caritas international und ihre Partner wirken dem durch eine Weiterentwicklung des Wassermanagements entgegen. Mit den Landwirten und Hirten, mit Regierungsstellen und anderen Hilfsorganisationen abgestimmte Programme sollen den Menschen dabei helfen, Trockenperioden besser und länger überstehen zu können. Dazu werden Dämme und Wasserrückhaltebecken, Brunnen und Zisternen angelegt, es werden Alternativen zur klassischen Weidewirtschaft entwickelt, um das sensible ökologische Gleichgewicht zu erhalten, und es werden neue Einkommenswege für die Betroffenen gesucht. Auch hierzu hat die Stiftung „Brot für alle Menschen" mit ihren Spenden einen wichtigen Beitrag geleistet.

Aus Prinzip mit Partnern

Lokale Mitarbeitende der Caritas sind nach Katastrophen und in Krisen schnell vor Ort, um zu helfen. Und sie bleiben auch dort, wenn die mediale Aufmerksamkeit längst erloschen ist. Möglich ist dies durch das weit verzweigte Netz der weltweit tätigen Caritas. Bei Caritas international nennen wir dies Partnerprinzip.

Die Partner sind dabei meist nationale oder Diözesan-Caritasverbände, bisweilen Orden und Glaubensgemeinschaften oder andere Nichtregierungsorganisationen und lokal oder regional tätige Hilfswerke.

Caritas international arbeitet durchgängig nach diesem Prinzip, denn nur so wird nachhaltig wirksame Hilfe erst möglich. Die Caritas will Hilfsbedürftige in die Lage bringen, sich aus eigener Kraft eine Zukunft aufzubauen. Dafür ist die Zusammenarbeit mit einheimischen Caritasmitarbeitern besonders wichtig. Denn sie kennen die örtlichen Gegebenheiten, sind vertraut mit den Strukturen ihrer Heimat und genießen das Vertrauen der Menschen. Sie folgen dem Prinzip, wirksame Hilfe zur Selbsthilfe zu leisten.

„Caritas international", heißt es dazu in ihren selbst formulierten Leitlinien, „respektiert und fördert die Eigenverantwortung und Kompetenz der lokalen Partner. Unsere partnerschaftliche Hilfe setzt auf die Selbsthilfefähigkeit der Menschen vor Ort. Deshalb legen wir beim Aufbau der Beziehungen großen Wert auf gegenseitigen Respekt, größtmögliche Transparenz und Dialogbereitschaft. Sie sind die Basis für die effektive Realisierung unserer Programme."

Mit dem Partnerprinzip kann Caritas international gewährleisten, dass Hilfsprojekte auch über die unmittelbare Krise hinweg und in Vorsorge vor weiteren Katastrophen seriös und nachhaltig umgesetzt werden. Auch viele Jahre nach dem Tsunami in Süd- und Südostasien, nach dem Erdbeben in Haiti und nach den vielen Katastrophen und Krisen in anderen Regionen der Welt sind Mitarbeitende der Caritas vor Ort, bauen soziale Strukturen auf, engagieren sich in der Katastrophenvorsorge oder helfen beim Wiederaufbau. Und hier, in den privilegierten und reichen Ländern, bedeutet dieses Verständnis von Partnerschaft auch, (finanzielle) Hilfen möglich zu machen. Insofern ist die enge Zusammenarbeit der Stiftung „Brot für alle Menschen" mit Caritas international Ausdruck dieses Partnerprinzips.

Neutrale und überparteiliche Hilfe

Überall auf der Welt, insbesondere aber in Ländern und Regionen, in denen religiös oder ethnisch motivierte Konflikte auftreten, ist ein weiterer Grundsatz entscheidend für den Erfolg der Hilfsmaßnahmen: „Caritas international hilft unabhängig von der Herkunft, Religion oder politischen Überzeugung der Betroffenen." In Syrien beispielsweise und in den Nachbarländern Libanon, Jordanien, Irak und Türkei, in die sich viele Betroffene des Bürgerkriegs geflüchtet haben, wurden durch die lang anhaltenden Kämpfe Gräben aufgeworfen zwischen muslimischen Sunniten und Schiiten, christlichen, allevitischen und sonstigen religiösen Minderheiten, zwischen arabischen, kurdischen und anderen ethnischen Gruppen. Die bedingungslose Hilfe für alle Bedürftigen kann dabei helfen, diese Gräben ein wenig zuzuschütten und gemeinsame Ansätze für ein friedliches Miteinander zu entwickeln.

Gleichzeitig ist die Hilfe der Caritas durch ihren christlichen Auftrag geleitet. „Es ist der ausdrückliche Auftrag der Caritas, Solidarität und soziale Gerechtigkeit zu verbreiten", heißt es in den Grundsätzen, und weiter: „Die Motivation liegt in ihrer christlichen Überzeugung und Tradition sowie in der kirchlichen Soziallehre."

Überall auf der Welt, vor allem aber in Ländern, in denen Krieg herrscht, erfahren wir immer wieder, wie diese bedingungslose und religiöse Grenzen überschreitende Hilfe von vielen Menschen geschätzt und gewürdigt wird. Wir erleben gerade in den arabischen Ländern, in denen Konflikte oftmals religiös begründet und propagandistisch aufgeladen werden, dass gegenseitige Hilfe und gemeinsame Arbeit am Wiederaufbau ein erster Schritt sein können zu einem friedlichen Miteinander.

Professionalität der Hilfen

Humanitäre Hilfe bedeutet viel Arbeit, für die das Personal zudem gut ausgebildet und geschult sein muss. Denn um langfristig und nachhaltig helfen zu können, bedarf es fachlicher Expertise. Humanitäre Hilfe braucht Fachleute; Ärztinnen, Ärzte und anderes medizinisches Personal, Architektinnen und Bauingenieure, die Gebäude sicherer machen gegen Erdbeben und Tropenstürme; Sozialarbeiter und -pädagogen, die auch in Konflikten das Miteinander fördern.

Die erwähnten häufig auftretenden und teils sehr lange anhaltenden Dürren in Kenia, Äthiopien und anderen Staaten Ostafrikas beispielsweise erfordern langfristige und nachhaltige Katastrophenvorsorge, die nur mithilfe von hoch qualifiziertem Personal umgesetzt werden kann. Ein Wassermanagement, das die Niederschläge der Regenzeit für die Trockenzeiten nutzbar machen will, muss verhindern, dass Grundwasser überbeansprucht wird, muss die Gefahr einer Bodenversalzung erkennen und muss auch das jeweilige Sozialgefüge berücksichtigen.

IN LOVE

Die Beispiele zeigen: Um nachhaltig zu helfen, muss man sehr unterschiedlichen Ansprüchen gerecht werden, Betroffene, Partner vor Ort und die lokalen Gemeinden sowie Gemeinschaften in die Hilfsprojekte einbeziehen, schnell und unbürokratisch agieren, aber vor allem auch langfristig orientiert sein. Dies alles zu gewährleisten, kann nur gelingen, wenn die Arbeit ideell wie finanziell unterstützt wird. Die Stiftung „Brot für alle Menschen" ist ein Partner, der genau dies leistet. Erzbischof Schick als passionierter Läufer weiß, dass es beim Sport wie im Leben auf einen langen Atem ankommt. Es braucht Geduld und Beständigkeit, um dauerhafte Entwicklung zu schaffen und Not zu lindern. Im Namen derjenigen, die die Hilfe in Anspruch nehmen konnten, bedanken wir uns sehr herzlich.

DR. OLIVER MÜLLER

Promovierter Theologe und Politikwissenschaftler.
Seit Herbst 2006 ist er Leiter (International Director) von Caritas international, dem Not- und Katastrophenhilfswerk des Deutschen Caritasverbandes mit Sitz in Freiburg. Seine Tätigkeit für Caritas international führte ihn bislang in mehr als 50 Länder in allen Kontinenten.

4

Reflexion und Meditatives

4.1

„Gebt ihr ihnen zu essen!“

oder:

Die Hoffnung kommt zuerst

von Claudio Ettl

Biblische Impulse für entwicklungspolitisches kirchliches Handeln

„Gebt ihr ihnen zu essen!“ So lautet der gleichermaßen klare wie schlichte Auftrag. Eine Aufforderung, die eindeutig ist und eigentlich nicht falsch verstanden werden kann: Gebt ihnen zu essen! Macht sie satt – all die Hungernden, die Bedürftigen, die, denen etwas fehlt, damit sie menschenwürdig leben können.

Dieser Auftrag Jesu leiht der vorliegenden Festgabe für Erzbischof Ludwig Schick den Titel. Er entstammt einer der bekanntesten Wundergeschichten der Bibel, der Erzählung von der so genannten Brotvermehrung (oder wunderbaren Speisung). Es ist die einzige Wundergeschichte, die in allen vier Evangelien vorkommt, was ihre Bedeutung unterstreichen mag. Es lohnt sich, auf die vermutlich älteste schriftliche Fassung dieser Geschichte, also die des Markusevangeliums (Mk 6,35-44), einen genaueren Blick zu werfen. Denn was da scheinbar als wunderbare Erzählung eines übernatürlichen Geschehens daherkommt, ist doch in Wirklichkeit nichts anderes als ein Beispiel für das Erkennen, Analysieren und Lösen eines Urdilemmas menschlicher Existenz. Sozusagen eine biblische Version des sozialethischen Dreischritts vom Sehen, Urteilen und Handeln.

Und er lehrte sie lange. Gegen Abend kamen seine Jünger zu ihm und sagten: Der Ort ist abgelegen und es ist schon spät. Schick sie weg, damit sie in die umliegenden Gehöfte und Dörfer gehen und sich etwas zu essen kaufen können! (Mk 6,34b-36)

Es ist wieder einmal spät geworden bei Jesus. Nachhaltige Verkündigung benötigt offenbar Zeit und Ausdauer – für die, die verkünden, ebenso wie für die, die zuhören. Doch Vermittlung und Verkündigung sind das eine – menschliche Grundbedürfnisse wie Essen und Trinken das andere. Wenig verwunderlich also, wenn die Jünger irgendwann unruhig werden. Unterweisung schön und gut, aber jetzt, da es Abend wird, stehen andere Dinge an: Wo gibt es für die vielen Leute etwas zu essen? Wo eine Unterkunft? Die besorgten Fragen und pragmatischen Lösungsvorschläge der Jünger sind mehr als angebracht und nachvollziehbar. Es bedarf nicht nur der theoretischen Wissensvermittlung und Vision; ebenso wichtig sind praktische Kompetenzen und Operationalisierbarkeit.

Gebt ihr ihnen zu essen! (Mk 6,37a)
Jesus geht auf diese Sorgen ein. Allerdings anders als erwartet: „Gebt ihr ihnen zu essen!“ Die Menschen müssen nicht woanders hin, um versorgt zu sein. Es ist alles hier, was nötig ist. Ihr selber habt alles, um diese Menschen satt zu machen. So lautet der Subtext seiner knappen Antwort.

Sie sagten zu ihm: Sollen wir weggehen, für zweihundert Denare Brot kaufen und es ihnen zu essen geben? (Mk 6,37b)
Erneut ist die Reaktion der Jünger verständlich. Sie offenbart einen Konflikt, in dem wir uns oft wiederfinden. Jenes Urdilemma, das gerade jenen zu schaffen macht, die anderen helfen und Unterstützung geben wollen, die die Not anderer sehen und etwas dagegen tun wollen.
Die Antwort der Jünger ähnelt jenem – mal resignativ, mal trotzig, mal entschuldigend vorgebrachten – Satz, der gerade heute ange-

sichts weltweiter Hunger-, Kriegs- und Flüchtlingskatastrophen in verschiedenen Variationen immer wieder zu hören ist: Auch wenn wir es wollten – wir schaffen das nicht! Wir können nicht allen helfen, wir können nicht alle aufnehmen. Wir können nicht alle satt machen! Dazu fehlen uns die Mittel und die Möglichkeiten, dazu sind wir zu wenige und haben zu wenig Einfluss ...

Angesichts aktueller Krisen und Katastrophen ist dieser Einwand heute genauso aktuell wie damals am See Genezareth: Kleinbäuerliche Landwirtschaft – was kann sie tatsächlich bewirken? Mikrokredite – wie nachhaltig verändern sie bestehende Strukturen? Eine einzelne Stiftung oder Initiative – was bringt sie wirklich? Oder, noch konkreter, auf der persönlichen Ebene: Was kann ich als Individuum mit meinem Verhalten schon dazu beitragen, dass sich wirklich etwas ändert? Wenn ich fair einkaufe, was hilft das den Armen in Afrika? Wenn ich auf das Auto verzichte, was ändert sich dann am Weltklima?

Markus, der Erzähler dieser Geschichte, kennt dieses menschliche Urdilemma offenbar nur zu genau. Interessant ist, welchen Lösungsansatz er Jesus anbieten lässt. Darin zeigt sich nicht nur der Menschenkenner – heute würde man sagen: der Psychologe. Darin zeigt sich auch der Pädagoge und Motivator, der mit dem klaren Blick für das Machbare von der Welt, wie sie ist, ausgeht und daraus realistische Handlungsoptionen entwickelt. Insofern ist diese Geschichte ein Paradebeispiel für gelungenes Coaching und Empowerment.

Er sagte zu ihnen: Wie viele Brote habt ihr? Geht und seht nach! Sie sahen nach und berichteten: Fünf Brote und außerdem zwei Fische. Dann befahl er ihnen, sie sollten sich in Mahlgemeinschaften im grünen Gras lagern. Und sie ließen sich in Gruppen zu hundert und zu fünfzig nieder. Darauf nahm er die fünf Brote und die zwei Fische, blickte zum Himmel auf, sprach den Lobpreis, brach die Brote und gab sie den Jüngern, damit sie diese an die Leute austeilten. Auch die zwei Fische ließ er unter allen verteilen. (Mk 6,38-41)

Jesus geht nicht weiter auf den ängstlichen Einwand der Jünger ein, er ruft zum Handeln auf. Sein Impuls lautet: Fangt mit dem an, was da ist – und kümmert euch nicht um das, was nicht da ist oder noch fehlt. Der Mangel wird weder schöngeredet noch ignoriert, sondern nüchtern konstatiert: Ja, es sind wirklich lächerlich wenige Brote und Fische für die mehr als 5.000 Menschen. Aber dieser Mangel wird nicht zum Vorwand für Resignation oder Frust, sondern zur Motivation für Veränderung und Handeln. Die Frage lautet nicht: Was brauchen wir noch? Die Frage lautet: Was haben wir schon?

Wie so oft bei Markus leitet Jesus dazu an, die Perspektive zu wechseln: Weg vom Minus – hin zum Plus. Eine solche aktive Haltung angesichts eines offensichtlichen Mangels mag auf den ersten Blick erschreckend naiv oder provozierend realitätsfern erscheinen. Es ist ein Handeln wider besseres Wissen. Doch unter der Perspektive Jesu wird es zur Keimzelle der Veränderung. Die entscheidende Zutat dabei ist die Hoffnung, wie sie im Lobpreis Jesu an den Vater (Mk 6,41) sichtbar wird. Es ist Hoffnung in gut biblischem Sinn: Eine Haltung, die in der hoffnungsvollen

Gewissheit wurzelt, dass eine andere Welt nicht nur möglich ist, sondern bereits begonnen hat. Eine solche Haltung bedeutet nicht naiv-resignative Vertröstung, sondern realistisch-handlungsorientierte Zuversicht. Sie motiviert dazu, aktiv zu werden – weil es begründete Zuversicht gibt, dass der Mangel des Anfangs sich am Ende in Fülle verwandeln lässt.

Und alle aßen und wurden satt. Und sie hoben Brocken auf, zwölf Körbe voll, und Reste von den Fischen. Es waren fünftausend Männer, die von den Broten gegessen hatten. (Mk 6,42-44)
Der Rest ist bekannt – es ist sozusagen der biblische Vorläufer des merkelschen „Wir schaffen das". Alle aßen und wurden satt; ja, es bleibt sogar noch etwas übrig. Hoffnungshandeln beseitigt Mangel, Solidarität schenkt Fülle und erzeugt sogar noch Überschuss – so lautet das Fazit des Markus.

Wer diese Wundergeschichte etwas genauer liest, erkennt auch zahlreiche Verbindungen zum Alten Testament: So erinnert das gruppenweise Lagern in 100 und 50 an die Wüstenwanderung Israels nach dem Auszug aus Ägypten (vgl. Exodus 18,25); das grüne Gras, in dem sich die Menschen niederlassen, lässt die grünen Auen des 23. Psalms aufscheinen, auf denen der Hirte seine Schafe lagern lässt. Und die Erzählung von der wundersamen Speisung als Ganzes erscheint wie die Neuauflage einer Geschichte, die Jahrhunderte vorher vom Gottesmann Elischa berichtet wird (2 Könige 4,42-44). Damit wird klar: Was hier erzählt wird, steht in der langen Tradition der Geschichte Israels mit Gott und ruft in Erinnerung, was von Anfang an gilt: Solidarisches Handeln im Vertrauen auf bzw. vor Gott ist nicht selten ein scheinbar paradoxes Handeln – einerseits im realistischen Wissen, dass es eigentlich nicht reicht, andererseits mit der hoffnungsvollen Gewissheit, dass es am Ende mehr als reicht.

Die Wundergeschichte des Markus liefert ein anschauliches Beispiel dafür, dass kein Projekt zu klein, keine Idee zu abwegig und kein Tun zu sinnlos ist, wenn es darum geht, anderen zu helfen, Not zu lindern und Mängel zu beheben. Sie ist damit so etwas wie eine Magna Charta entwicklungspolitischen Handelns der Kirche – und damit auch der von Erzbischof Ludwig Schick ins Leben gerufenen Stiftung „Brot für alle Menschen“.

„Gebt ihr ihnen zu essen!“ Dieser Auftrag Jesu will wörtlich verstanden werden: Es geht darum, möglichst alle Menschen satt zu machen. Doch der Aufruf reicht über diesen konkreten Kontext hinaus: Es geht auch darum, angesichts schier unmöglich erscheinender Erfolgsaussichten dennoch mit dem (Wenigen) zu beginnen, was da ist. Und dann die Hoffnung dazuzugeben. Hoffnung somit nicht als verzweifelte Option, die zuletzt stirbt, wenn nichts mehr hilft. Sondern Hoffnung als Gewissheit, dass das Wenige nicht zu wenig, dass das Unbrauchbare nicht ungeeignet und dass das Unwahrscheinliche nicht irreal ist. Die Hoffnung kommt zuerst!

CLAUDIO ETTL

Studium der Theologie und Philosophie in Augsburg, Jerusalem und Würzburg, stellvertretender Direktor und Leiter des Ressorts Theologie, Spiritualität, Philosophie der Akademie Caritas-Pirckheimer-Haus, Leiter des Katholischen Bibelwerks im Erzbistum Bamberg.

HEURES DE PRIERES
7 HM 24
2 H 15
5 HM 15
7 H 20
8 H 20

4.2

Brot für alle Menschen

von Heribert Müller

Reflexionen zum Leitmotiv

Heute feiern wir in großer Freude und Dankbarkeit das zehnjährige Bestehen der Stiftung „Brot für alle Menschen". Ein Wort Jesu steht als Leitsatz über dieser Feier: „Gebt ihr ihnen zu essen!" (Markusevangelium 6,37). Ein Auftrag, also, der höchstpersönlich von Jesus kommt.

Jesus hatte die Worte vom Reich seines himmlischen Vaters gesprochen und die Menschen hingen erwartungsvoll an seinen Lippen. Wohlwissend, dass die Jünger fast nichts hatten, sagte Jesus: „Gebt ihr ihnen zu essen!" Die erste Reaktion war natürlich: „Wir haben doch nichts. Was können wir denn geben?" Und doch zeigt sich hier schon die Größe und Liebe unseres Meisters, Jesus Christus, der uns viel zutraut.

Er richtet die Aufmerksamkeit der Jünger auf das, was da ist, und sei es noch so wenig. Das, was der kleine Junge in Jesu Hände legt, und die Segensworte des Herrn über die Gaben öffnen die Herzen und schaffen eine Wandlung, eine neue Wirklichkeit: vom verschwiegenen für-sich-selbst-Behalten hin zum dankbaren Teilen. Plötzlich ist genug Brot da, es öffnen sich Herzen und Hände, Brot und Fische werden geteilt. Wie damals in der biblsichen Erzählung, so werden jetzt, wenn Jesus einlädt, Tausende gesättigt.

Der eucharistische Moment ist die Mitte dieses Textes. Jesus dankt, er bricht das Brot und gibt es weiter. Was Jesus bei der Brotvermehrung tut, das geschieht in jeder heiligen Eucharistie. Und da ist das Wunder: er schenkt sich selbst, damit wir lernen, uns zu verschenken. Jesus ist wirklich da – in uns und unter uns – Herzen öffnen sich, Brot wird weiter gereicht – und plötzlich ist genug da, „Brot für alle Menschen".

Die Stiftung „Brot für alle Menschen" findet ihre Inspiration in diesem Wunder der Brotvermehrung. Wo sich Herzen öffnen, wo die Bereitschaft zum Helfen da ist, finden sich auch die Mittel, den Hunger zu beenden. Es muss uns tief berühren und schockieren: einerseits werden weltweit genug Nahrungsmittel produziert, um alle Menschen zu sättigen. Auf der anderen Seite gibt es immer noch 800 Millionen Menschen auf dieser Erde, die an Hunger leiden.

Dass ich heute hier sein darf, ist für mich ein großes Geschenk. Ich bin auch dankbar, über Brot und Nahrungsmittelerzeugung sprechen zu können und besonders darüber, was die Stiftung „Brot für alle Menschen" in meinem kleinen Wirkungsbereich schon getan hat. Es ging schon vor der eigentlichen Gründung los, während der großen Not in Simbabwe in den Jahren 2006 bis 2010, mit Hyperinflation, Missernten und politischer Verfolgung. In Zusammenarbeit mit der Missionsprokur der Jesuiten in Nürnberg und später mit Unterstützung der Stiftung half die „Hungerhilfe Simbabwe" vielen tausend Menschen, die an Hunger litten. Wer weiss, vielleicht war die Lage in Simbabwe mit ein Anlass, die Stiftung in 2009 ins Leben zu rufen.

Dann kam das erste größere Projekt in 2010/2011: ein großer Hühnerstall für die Mission in Makumbi in Simbabwe, um die dürftige Ernährung der Schulkinder mit Eier und Fleisch anzureichern.

Seit dem Jahr 2015 hat sich die Hilfe der Stiftung auch auf Mosambik ausgeweitet. Unsere Schule Ignatius von Loyola hat eine starke landwirtschaftliche Komponente. Mit dem Kauf eines neuen Traktors, den wir wirklich brauchten, hat uns die Stiftung „Brot für alle Menschen" kräftig unter die Arme gegriffen. Vergelt's Gott!

Ein zweites Projekt zu Bewässerung der Felder befindet sich schon in der Ausführung, ein drittes zum Bau von Ställen für Nutzvieh steht noch aus.

Ein Hauptanliegen der Stiftung ist, die Menschen für den Ackerbau und die Viehzucht zu begeistern, um auf ökologischem Weg Nahrungsmittel zu erzeugen – und das ist sehr wichtig. Unsere Schüler, so hoffen wir, werden neue Initiativen starten und mit Freude am Ackerbau eine neue Beziehung zum Land finden.

Wie könnte man den Auftrag Jesu „Gebt ihr ihnen zu essen!" heute formulieren? Vielleicht so: „Bewegt die Menschen dazu, dass sie Freude an der Landwirtschaft finden und ihre Nahrungsmittel selbst erzeugen." Einem Menschen Brot geben und ihn Bettler sein lassen, ist nicht die Lösung. Ihm eine Ausbildung als Landwirt zu geben, der weiß, wie das Feld bearbeitet werden muss, ist daher ein wichtiger Schritt. Die Verbundenheit mit dem eigenen Land und die Freude an guten Ernten schenkt eine so grosse Heimatverbundenheit, dass der Wunsch nach Europa zu migrieren erst gar nicht aufkommt.

„Gebt ihr ihnen zu essen!" Diesem Auftrag weiß sich die Stiftung „Brot für alle Menschen" in vielen Ländern verpflichtet. Die Freude an der Landwirtschaft auf lokaler Ebene wird dadurch gefördert. Vom Glauben an Gott, den Schöpfer aller Dinge, finden viele Kleinbauern den Weg hin zu einer eucharistischen Lebenshaltung. Einfach dankbar sein, für das, was wir von der Schöpfung und unserer Arbeit empfangen, und diesen Dank in der Feier der Eucharistie zum Ausdruck bringen, in der wir Jesus als „Brot des Lebens" empfangen.

Ich glaube, es ist angebracht zu sagen: wer das Brot des Lebens empfängt, wird sich für das Brot, das Leben hier auf dieser Welt gibt, einsetzen – jenes Brot, das uns sättigt und nährt.

Brot in meiner Gegend in Mosambik ist Luxus. Hier ist das Hauptnahrungsmittel bekanntlich der Mais. Mais und Bohnen stehen fast jeden Tag in irgendeiner Form auf dem Tisch. So wird der Mais zum Symbol für das Leben. Wenn kein Mais da ist, dann ist Not, Hungersnot.

Ich möchte Herrn Erzbischof Ludwig Schick und allen Wohltätern ganz herzlich danken für die Stiftung „Brot für alle Menschen". Es ist mein besonderer Wunsch, dass die Stiftung noch für viele, viele Menschen ein wirksames Zeichen der Hoffnung werde im Kampf gegen den Hunger.

Heribert (Fernando) Müller SJ

Gebet für unsere Erde

Allmächtiger Gott,
der du in der Weite des Alls gegenwärtig bist
und im kleinsten deiner Geschöpfe,
der du alles, was existiert,
mit deiner Zärtlichkeit umschließt,
gieße uns die Kraft deiner Liebe ein,
damit wir das Leben und die Schönheit hüten.
Überflute uns mit Frieden,
damit wir als Brüder und Schwestern leben
und niemandem schaden.

Gott der Armen,

hilf uns,
die Verlassenen und Vergessenen dieser Erde,
die so wertvoll sind in deinen Augen, zu retten.
Heile unser Leben,
damit wir Beschützer der Welt sind und nicht Räuber,
damit wir Schönheit säen und nicht Verseuchung und Zerstörung.
Rühre die Herzen derer an, die nur Gewinn suchen
auf Kosten der Armen und der Erde.
Lehre uns,
den Wert von allen Dingen zu entdecken
und voll Bewunderung zu betrachten;
zu erkennen, dass wir zutiefst verbunden sind
mit allen Geschöpfen
auf unserem Weg zu deinem unendlichen Licht.
Danke, dass du alle Tage bei uns bist.
Ermutige uns bitte in unserem Kampf
für Gerechtigkeit, Liebe und Frieden.

Papst Franziskus, Enzyklika Laudato Si'